AF357408

TRAITÉ D'ANATOMIE

ET

DE PHYSIOLOGIE VÉGÉTALES.

TOME PREMIER.

ON SOUSCRIT

A PARIS,

CHEZ

- DUFART, Imprimeur-Libraire et éditeur, rue des Noyers, N° 22 ;
- BERTRAND, Libraire, quai des Augustins, N° 35.

A ROUEN,

Chez VALLÉE, frères, Libraires, rue Beffroi, N° 22.

A STRASBOURG,

Chez LEVRAULT, frères, Imprimeurs-Libraires.

A LIMOGES,

Chez BARGEAS, Libraire.

A MONTPELLIER,

Chez VIDAL, Libraire.

Et chez les principaux Libraires de l'Europe.

TRAITE D'ANATOMIE

ET

DE PHYSIOLOGIE VÉGÉTALES,

Suivi de la Nomenclature méthodique ou raisonnée des parties extérieures des Plantes, et un Exposé succinct des Systêmes de Botanique les plus généralement adoptés.

OUVRAGE SERVANT D'INTRODUCTION

A L'ÉTUDE DE LA BOTANIQUE.

PAR C. F. BRISSEAU-MIRBEL,

AIDE-NATURALISTE au Muséum national d'Histoire naturelle, Professeur de Botanique à l'Athenée de Paris, et membre de la Société des Sciences, Lettres et Arts.

TOME PREMIER.

A PARIS,

DE L'IMPRIMERIE DE F. DUFART.

AN X.

AU CITOYEN RAMOND,

MEMBRE DU CORPS LÉGISLATIF

ET DE L'INSTITUT NATIONAL.

C I T O Y E N,

VOTRE exemple m'a inspiré l'amour du travail; vos leçons m'ont fait chérir l'étude de l'histoire naturelle; vous m'avez donné les premières notions de cette belle science que vous cultivez avec tant d'éclat, et qui prend de nouveaux charmes dans vos écrits; vos sages conseils, votre indulgente amitié sont pour moi une source inépuisable de lumières et de jouissances : à qui donc convient-il que je dédie mon premier ouvrage, si ce n'est à vous, mon maître et mon ami ?

MIRBEL.

PREMIER DISCOURS

PRÉLIMINAIRE.

Considérations générales sur les Êtres. Aperçu des travaux existant sur l'Anatomie et la Physiologie végétales.

PREMIERE PARTIE.

L'ame s'élève par la contemplation de la Nature, et le premier sentiment que nous inspire le spectacle de l'univers est une profonde admiration. Mais, si d'abord nous ne nous hâtons d'enchaîner les faits par l'ordre et la méthode, au lieu de ce magnifique ensemble, bientôt nous ne trouvons que ténèbres et confusion, et le dégoût succède au plaisir qu'avoit excité le premier aperçu. L'ame ne tarde pas à se fatiguer d'un spectacle qui ne laisse aucune tracé en elle, et l'étude n'a point de charme pour quiconque ne peut rien retenir. Si la méthode au contraire nous dirige dans l'examen des faits, l'ensemble des êtres se présente à la pensée comme un vaste tableau où chaque individu prend une place déterminée par sa nature; et l'imagination, prompte à saisir tous les rapports, donne à la copie les couleurs et la beauté du modèle. Il faut donc suivre une marche méthodique dans l'étude de l'histoire naturelle. Qui pourroit saisir, du premier coup d'œil, les rapports qui lient les êtres? Qui pourroit, sans préparation, distinguer les groupes principaux des groupes secondaires, et voir avec netteté jusqu'aux espèces qui sont comme les différentes pierres de l'édifice de la création? Un regard si pénétrant n'a pas été accordé à l'homme : ce n'est qu'avec lenteur qu'il assemble quelques connoissances imparfaites; —et, pour concevoir le plan général, il faut d'abord qu'il apprenne à le tracer lui-même, car telle est l'extrême foiblesse de notre intelligence que, ne pouvant saisir la Nature en grand, nous en sommes réduits à admirer les imparfaites esquisses qui sortent de nos propres mains.

La Nature semble avoir fait de tous les êtres un tout, composé de diverses parties; mais, au lieu de les réunir comme elle, nous les séparons afin de les examiner isolé-

ment et d'arriver à des résultats plus sûrs,
en concentrant notre attention sur une
moindre quantité d'objets. Telle est le but
des divisions principales et des subdivisions;
nous séparons ainsi un certain nombre
d'êtres du reste des autres, et nous saisissons
mieux les rapports, parce qu'ils sont moins
multipliés.

Il ne faut pas croire cependant que ces
groupes puissent être formés sans ordre et
sans lois. Si tous les êtres sont unis par des
rapports réciproques, il est évident toutefois
que ces liens n'ont point une force égale
par-tout; et pour faire sentir cette vérité
par un exemple frappant, il me suffira de
dire que les rapports qui existent entre deux
quadrupèdes sont plus nombreux que ceux
qui unissent les quadrupèdes et les oiseaux,
et que tous les animaux ont plus de rapports entre eux qu'ils n'en ont avec les
minéraux. Ce sont ces nuances qu'il est important de connoître, non seulement dans
les grandes divisions où elles sont faciles à
saisir, mais encore dans les moindres détails,
où bien souvent elles échappent à l'esprit
le plus pénétrant. Je développerai plus au
long ces principes quand je traiterai des
familles des plantes. J'en ai dit assez main-

tenant pour que l'on apprécie les avantages
et les inconvéniens des divisions principales
adoptées, soit par les anciens, soit par les
modernes.

Les anciens avoient divisé les êtres, qui
sont du ressort de l'histoire naturelle, en
trois règnes : le minéral, le végétal et l'animal. Cette division est si simple, et paroit si
solidement établie, qu'il n'est personne qui
ne soit d'abord disposé à l'adopter. Aussi,
pendant plusieurs siècles, les philosophes et
les hommes éclairés de tous les pays ne
reconnurent d'autres distinctions principales
parmi les êtres.

La terre, les pierres, les métaux composent le premier règne. Ces matières brutes
n'ont ni le mouvement, ni la vie ; les molécules qui les constituent ne sont jointes les
unes aux autres que par les lois de l'affinité, de la pesanteur et de la mécanique. Le
second règne embrasse les végétaux, êtres
insensibles, immobiles, passifs, fixés à la
terre, qui ont des moyens internes de développement, naissent, vivent, se reproduisent
et meurent. Enfin, le troisième règne comprend les animaux, doués de sensibilité et
de mouvemens volontaires, rarement attachés à la terre, et presque toujours libres

de se transporter d'un lieu dans un autre. Comme les végétaux, ils tiennent la vie d'êtres semblables à eux; ils la communiquent à d'autres; ils se développent et meurent.

Ces trois divisions plairont toujours à l'imagination, parce qu'elles s'y présentent comme d'elles-mêmes; mais, quand on les examine d'un œil observateur, et que l'on met de côté tous les préjugés que font naître les premières impressions, on aperçoit leur insuffisance et la nécessité d'une réforme. Tels sont souvent dans les sciences les travaux des anciens; moins avancés que les modernes dans la connoissance des faits, mais bien plus qu'eux sensibles aux beautés de la Nature, ils n'approfondissent point, ils ne saisissent que l'apparence des choses; mais il faut convenir que, dans l'art de peindre, ils ont quelquefois une supériorité bien marquée.

Quoi qu'il en soit, cette division des êtres est imparfaite. Les caractères qui séparent le végétal de l'animal n'ont que peu de valeur. La seule différence est le sentiment et le mouvement volontaire; et que sont ces caractères si l'on ne peut souvent les apercevoir? De l'aveu de tous les physio-

logistes modernes, les animaux, rangés suivant un certain ordre, offrent, dans leur
faculté de sentir, une diminution graduée
par des nuances imperceptibles. En partant
de l'homme qui représente le premier anneau de la chaîne, et se dirigeant vers le
dernier chaînon, on arrive à des êtres dont
les facultés sont aussi obscures que l'est leur
organisation. Là, le règne végétal et le règne
animal sont confondus ; la sensibilité, si
toutefois elle existe encore, est si foible
qu'il est impossible de l'apprécier, et toute
division devient nulle, n'ayant rien d'évident
pour l'esprit. Mais, en supposant même que
la séparation fût bien marquée, seroit-ce
suffisant pour justifier la distinction des trois
règnes ? Non, sans doute ; car il y auroit
toujours beaucoup moins de distance de la
plante la plus parfaite à l'animal que la
Nature a le moins favorisé, qu'il n'y en a
d'une plante à une pierre, puisque l'une est
organisée et que l'autre ne l'est point. Rien
ne prouve, quel qu'ait été là dessus le sentiment des anciens, que l'amiante soit un
passage de l'un à l'autre, et l'on sait maintenant ce qu'on doit penser des coraux et
des madrépores. On pourroit m'objecter que
les animaux seuls ont le mouvement volon-

taire; tout à l'heure je démontrerai l'insuffisance de ce caractère. Pour l'instant, je me
contenterai d'observer que ce mouvement,
par cela seul qu'il dépend de la sensibilité, est d'autant plus foible que celle-ci est
moins développée.

Le règne minéral est mieux établi, et la
classe d'êtres qui le compose est très-distincte
des animaux et des plantes.

Les fautes de nos devanciers ont été une
leçon dont nous avons su profiter. Il ne
s'agissoit plus de se livrer à l'imagination:
les anciens semblent avoir fait en ce genre
tout ce qu'il est possible de faire; il s'agissoit
bien moins encore de répéter servilement
les rêves du génie, à l'exemple des modernes du moyen âge; il falloit se frayer une
route nouvelle; elle n'étoit ni la plus brillante, ni la plus facile; mais elle montroit
la vérité dont la douce lumière n'éblouit
pas, il est vrai, mais satisfait l'esprit et repose
l'imagination. Cette route est absolument
opposée à celle des anciens; ils généralisoient
tout, nous avons approfondi les moindres
faits; ils embrassoient l'ensemble, nous avons
pénétré dans les détails; leur ame, émue à
la vue des œuvres de la Nature, se passion-
noit pour ces sublimes beautés et ne s'éclai-

roit que par des sensations : notre raison
calme et froide rejette tout ce que la passion
ou l'enthousiasme suggère, et ne reconnoît
pour vrai que ce qui est appuyé sur l'évidence ; ils planoient au dessus de la Nature,
et de ce haut point où ils s'étoient placés, ils
ne daignoient pas considérer les faits isolés ;
nous, au contraire, nous nous efforçons de
remonter par les détails jusqu'à la connoissance de l'ensemble ; enfin on diroit qu'il
leur appartenoit de créer des chef-d'œuvres
de génie, et qu'il nous appartient de fonder
des monumens de patience.

L'analyse sévère ne nous a pas permis
d'adopter les divisions établies par les anciens. Les naturalistes modernes, dont l'opinion mérite le plus de devenir la règle commune, ont divisé les êtres en deux règnes :
l'*inorganique* et l'*organique* ; d'où résultent
deux sciences parfaitement distinctes, celle
des élémens et celle des organes.

La première science embrasse les fluides,
les terres, les métaux et leurs composés,
êtres formés d'un assemblage de molécules
libres ou appliquées les unes contre les autres,
croissant par adjonction de nouvelles molécules qui s'y adaptent par juxta-position,
décroissant et se multipliant par la sépara-

tion fortuite d'une partie de ces molécules.
Ces êtres , soumis aux lois générales de
l'attraction , des affinités chimiques et de la
pesanteur , n'ont , et ne peuvent avoir , ni
mouvement volontaire , ni développement ,
ni vie. La science des élémens calcule le
nombre , la proportion et l'affinité mutuelle
des molécules inorganiques ; elle étudie leurs
propriétés , soit dans leur état de simplicité ,
soit dans leur état de combinaison.

La seconde science considère les végétaux et les animaux , êtres formés de molécules enchaînées les unes aux autres dans
un ordre particulier que nous avons appelé
organisation. Les animaux et les végétaux
offrent , comme élémens organiques , un
tissu cellulaire et un tissu vasculaire , souvent
irritables , que parcourent et que pénètrent
incessamment des fluides modifiés par leur
passage dans les différens vaisseaux ; et ils
offrent , comme parties composées , des
organes ou parties distinctes les unes des
autres par leur forme , leur nature , leurs
fonctions , et qui croissent en force et en
volume par l'adjonction de nouvelles molécules déposées dans leur tissu , et soumises ,
pour un tems , aux lois de l'organisation.
Ces êtres naissent d un œuf , se développent ,

reproduisent des individus semblables à eux à une époque marquée de leur vie, subissent l'inévitable dépérissement qu'amène le tems destructeur et que hâtent les maladies accidentelles, meurent enfin, quand ils ont comblé la mesure de tems qui leur a été départie par la Nature, et dépouillant les caractères de l'organisation, rendent au règne inorganique les élémens dont ils sont formés. La science dont ces êtres sont l'objet s'attache à reconnoître la texture, le nombre, la disposition, la forme et l'action réciproque des organes.

Malgré ces divisions, l'étude de la Nature seroit encore beaucoup trop vaste pour l'homme, si l'on n'introduisoit dans cette classification générale des divisions secondaires. Je ne dirai rien de la science des élémens que l'on distingue en chimie et en minéralogie; je passe à la science des organes. L'imagination succombe sous le nombre des objets : depuis l'homme jusqu'au polype, depuis le cèdre jusqu'au bissus, quelle étonnante multiplicité d'êtres où la Nature semble s'être fait un jeu de varier les formes, les dimensions, les couleurs, les habitudes et les appétits ! Ici, que d'espèces voisines ! quelle heureuse transition d'une

race à une autre! quel ordre, quel enchaî-
nement dans les êtres! Là, que de passages
brusques, de contrastes, d'anomalies et
quelle apparence de désordre! A ces résultats si divers, on croiroit voir l'harmonie
d'un beau plan contrariée sans cesse par les
effets du hasard ou du caprice.

Que peut l'homme pour saisir tant de
faits, si ce n'est de former des groupes distincts d'après les principes que nous avons
établis, c'est-à-dire, en faisant la séparation,
là même où la Nature paroît l'avoir indiquée, en diminuant le nombre et l'importance des rapports qui unissent les êtres?
C'est ici que la division des anciens trouvera sa place; mais tandis que, dans leur
manière de voir, elle étoit de première
importance, dans la nôtre, elle ne peut
entrer que dans les considérations secondaires. La difficulté que nous allons éprou-
ver à séparer les végétaux des animaux,
justifiera la division adoptée par les modernes.

On est étonné, quand on examine les
premiers développemens de la plante et de
l'animal, de trouver des ressemblances aussi
marquées. En formant l'œuf et la graine, la
Nature n'avoit qu'un but, celui de la con-

servation des espèces, et les moyens pour y arriver sont les mêmes. L'œuf et la graine présentent à l'extérieur des enveloppes plus ou moins dures, et à l'intérieur l'embryon avec une nourriture appropriée à sa foiblesse; mais, dans l'un et l'autre, ce n'est qu'au bout d'un certain tems, et dans des circonstances déterminées, que la vie se manifeste.

Si nous considérons le végétal et l'animal plus développés, nous verrons qu'ils se nourrissent par des moyens analogues. Les fluides qui les parcourent déposent dans le tissu vasculaire des molécules qui augmentent son volume.

L'animal, il est vrai, est doué exclusivement d'un cerveau, organe auquel nul autre n'est comparable; c'est là que se place, dans un ordre déterminé par sa nature, l'image de chaque être éprouvé par les sens; cet organe est celui de la pensée. Les nerfs, distribués par des milliers de ramifications dans toutes les parties du corps, reçoivent les sensations, les portent au cerveau d'où émane la volonté que transmettent les nerfs et que les muscles exécutent. Tels sont dans nos gouvernemens, si toutefois on peut mettre en parallèle les combinaisons de l'esprit l'esprit humain et les œuvres de la Nature ; tels sont, dis-je, le chef qui veut, les ministres qui ordonnent, les officiers qui exécutent. Mais il est des animaux dans lesquels la plus scrupuleuse anatomie n'a pu faire apercevoir un cerveau, des nerfs et des muscles ; témoin le polype. Cet être, qui ressemble à un doigt de gant formé d'une peau chagrinée, se re-produit par toutes les parties de son corps. Le coupe - t - on en plusieurs morceaux ? chaque portion devient un polype. Or, qu'arrive-il souvent à la plante quand on la divise ? Chaque portion est un végétal tout entier qui continuera de végéter, s'il est traité avec les soins que son état de souffrance exige. Personne ne doute aujourd'hui que le polype ne soit un animal : à l'aide de filets mobiles, espèces de petits bras attachés à l'ouverture du doigt de gant, il saisit les insectes qui passent à sa proximité, les fait entrer dans le tube dont il est formé, les écrase, les broie, et bientôt toute la substance de ce petit animal prend la couleur des fluides qu'il enlève à sa proie ; le résidu est rejeté par l'ouverture qui remplit ainsi alternativement les fonctions de bouche et d'anus. Il est impossible de ne point recon-

B

noître à ce manège du polype un certain
dégré de sensibilité. Ainsi, bien que tous les
êtres doués d'un cerveau doivent être incon-
testablement rangés dans le règne animal,
on ne peut dire que certains êtres, par cela
sela seul qu'ils en sont privés, n'appartiennent pas à cette classe. Ce seroit d'ailleurs
juger trop légèrement que d'affirmer que le
polype manque de cerveau, parce que notre
foible vue n'en a pas aperçu; j'avoue même
que, ne concevant point que la sensation
existe sans cet organe, je ne balance pas à
croire qu'il ait échappé aux recherches des
observateurs, dans l'examen de ce singulier
animal. Le cerveau ne peut être chez lui ce
qu'il est dans une multitude d'autres animaux. Il est probable que cet organe est
répandu dans toutes les parties du polype,
puisque chaque partie séparée du reste jouit
des facultés qui appartiennent à l'ensemble.
Quoi qu'il en soit, comme ici la dégradation
de la sensibilité est certaine, et que l'existence du cerveau n'est rien moins qu'apparente, ce caractère est encore insuffisant
pour distinguer les animaux des plantes.

Boërhaave avoit cru assigner un caractère
tranchant entre les deux classes du règne
organique, en disant que les animaux ont

un canal intestinal, et se nourrissent par des racines intérieures; tandis que les végétaux, privés de canal, ont leurs racines placées à leur superficie. Mais le polype n'a point de canal intestinal, et tout son corps est parsemé de petites bouches qui pompent les fluides nutritifs; la preuve en est dans l'expérience souvent répétée, et toujours avec succès, du retournement de cet animal. Cette opération bizarre ne change point ses habitudes; il continue de saisir sa proie et de la dévorer, comme s'il avoit été toute sa vie dans cet état : ses deux surfaces sont donc également propres à l'aspiration des fluides.

Mais ici se présente un caractère sur lequel peut-être on n'a pas assez insisté : c'est la faculté qu'ont les plantes de se nourrir de substances inorganiques, faculté qui ne paroît pas exister dans les animaux: ils dévorent des substances animales ou végétales et quelquefois les unes et les autres; mais jamais, ce me semble, ils ne se nourrissent de terres, de sels, d'air et de gaz. Ainsi, les végétaux doivent, pour condition première de leur existence, transformer la matière brute en matière organisée et vivante. C'est une préparation que reçoit la matière ; elle ne peut servir à la nourriture des animaux qu'après s'être incorporée aux végétaux.

Telle est donc l'hiérarchie établie dans la Nature, que les plantes sont, rigoureusement parlant, un intermédiaire entre les êtres inorganisés et les êtres doués de l'organisation et de la sensibilité.

Les végétaux n'ont point d'excrémens solides, parce qu'ils ne sont point pourvus d'estomac et de canal intestinal. Pour juger ce que doivent être ces organes dans les animaux, et ce que leur privation peut amener de différences dans les végétaux, il faut se rappeler que la peau de l'animal n'a point d'interruption, qu'elle se replie sur les lèvres, pénètre dans le corps et tapisse sa surface interne. Les alimens déposés dans ce conduit y perdent leurs parties nutritives, qui sont absorbées par les veines lactées. Ces vaisseaux, dont les nombreuses ramifications tapissent les intestins, sont de véritables racines intérieures. Les alimens, ayant perdu leurs propriétés nutritives, sont rejetés hors du corps de l'animal auquel ils ne peuvent plus être utiles. Dans les végétaux, les racines sont extérieures; elles puisent directement dans la terre les substances nécessaires à la nutrition; les matières inutiles ne sont pas absorbées ; il ne sauroit donc y avoir d'excrémens solides. Cette différence dépendant moins de la nature des organes que de leur disposition , elle présente un caractère moins important qu'on ne seroit tenté de le croire au premier coup d'œil. Observons en passant que des racines extérieures convenoient à des êtres passifs, insensibles , et constamment fixés à la terre ; mais qu'elles n'auroient pas convenu de même à des êtres doués de sensibilité , voués par leur nature à une agitation continuelle, chasseurs et belliqueux par penchant ou par besoin, et ne pouvant s'assurer la possession de leur proie qu'en la dévorant à l'instant où ils la saisissent. La Nature, en donnant aux animaux la faculté de transporter avec eux les substances qui les nourrissent, a multiplié les chances favorables à leur conservation.

On a encore assigné, pour caractère de séparation, la faculté qui paroît appartenir exclusivement aux animaux de se contracter et de se dilater volontairement ou par l'effet d'un stimulant quelconque. Cette dilatation et cette contraction ont pour cause l'irritabilité de la fibre ; par suite de cette irritabilité , les muscles se gonflent en perdant

de leur longueur, ou s'alongent en se resserrant dans leur largeur; en sorte qu'ils
offrent toujours, à peu près, un volume
égal, mais dans des dimensions différentes;
c'est ce qui produit les mouvemens des diverses parties de l'animal. Or, les plantes
exécutent aussi certains mouvemens, que
de célèbres naturalistes attribuent à l'irritabilité; et, si leur opinion est fondée, il est
évident que les plantes ont, comme les animaux, la faculté de se contracter et de se
dilater. Mais ce n'est pas le moment d'examiner la question de l'irritabilité végétale :
j'y reviendrai par la suite.

Cette discussion montre combien il est
difficile d'établir une ligne de séparation
entre les végétaux et les animaux, quoiqu'au
premier coup d'œil rien ne paroisse plus
aisé. Cependant, s'il étoit nécessaire de montrer les obstacles, il convient maintenant
d'établir les différences telles qu'elles se présentent d'abord à l'esprit; quelqu'imparfaits
que soient ces caractères pris isolément,
leur ensemble forme une définition aussi
complette qu'on peut la desirer dans un
sujet de cette nature.

La plante naît d'une graine; elle se nourrit
de substance inorganisée, qu'elle puise par

des bouches ou racines placées à sa superficie; elle se développe, reproduit des êtres
semblables à elle, et meurt. Elle ne montre
dans le cours de sa vie ni sensibilité, ni
mouvement volontaire.

L'animal, semblable au végétal à beaucoup d'égards, en diffère cependant par ses
racines qui sont internes, par son canal intestinal, par ses excrémens solides, par la
nécessité où il est de se repaître de substance organisée, par la présence d'un cerveau, de nerfs, de muscles, enfin par la
sensibilité et le mouvement volontaire.

Telle est la définition de l'animal et du
végétal; définition qui ne nous éclairera
qu'autant que nous connoîtrons rigoureusement la valeur des mots qui la composent.

SECONDE PARTIE.

On n'est vraiment instruit en histoire naturelle que lorsqu'on a classé dans son esprit un grand nombre de faits ; car que conclure de quelques faits isolés , puisque chaque espèce offre des phénomènes différens ou quelques modifications dans des phénomènes semblables , et quelle vue générale , quelle idée vaste peut-on prendre de l'ensemble , si l'on ne les fonde sur l'observation et la connoissance des détails , puisque l'ignorance d'un seul fait suffit quelquefois pour faire tirer de fausses conséquences aux hommes dont le génie est le plus pénétrant ?

Ce n'est donc point assez de savoir vaguement qu'une plante naît d'un œuf qu'on appelle *graine* ; il faut connoître comment est composée la graine , quels changemens elle subit par le développement de l'embryon qu'elle contient, quels phénomènes se manifestent au moment de ce développement. Ce n'est que, lorsqu'on possédera des notions exactes sur toutes ces choses, qu'on aura une idée nette et précise de ce qu'on doit entendre par ces mots *la plante naît d'une graine*. L'animal aussi naît d'une espèce de graine, et cependant on ne peut confondre la naissance d'une plante et celle d'un animal. Quoique les moyens principaux soient les mêmes, il y a des différences si grandes dans les détails, qu'on se tromperoit gravement si l'on supposoit dans l'un tout ce qui se passe dans l'autre. Il en est de même de la nutrition, du développement et de la reproduction : ces fonctions sont communes aux animaux et aux plantes ; elles ont également pour but la santé, la vigueur des individus et la conservation des espèces ; mais la nature arrive à ces résultats par des voies différentes. C'est dans cette fécondité de moyens que se montre sur-tout la grandeur de la volonté créatrice ; notre esprit succombe à la vue de ce magnifique spectacle ; et, parce que, chez nous, tout est imitation, réminiscence, imperfection, nous n'avons aucun module, aucun type auquel nous puissions comparer cette puissance, dont tous les actes annoncent l'indépendance, la force et la liberté.

Mon dessein est de donner l'histoire des végétaux. Je les ai isolés en quelque sorte

des autres êtres, et je les ai classés de manière que nous puissions saisir d'un coup
d'œil l'étendue et les bornes de la carrière
que nous avons à parcourir. Je vais, dans
ce volume préliminaire, les présenter en un
seul groupe et sans considération de leur
rapport et de leur liaison les uns avec les
autres. Il ne s'agit pas encore de les classer
et de les ranger dans une méthode suivie,
pour qu'on puisse étudier et connoître chaque espèce en particulier; ce travail ne peut
être vraiment utile que lorsqu'on aura une
idée nette de la nature du végétal présenté
comme être abstrait. J'entends par la nature
du végétal la forme, la liaison, les rapports
des organes dont il est formé, l'action que
ces organes exercent les uns sur les autres,
l'action qu'ils ont sur les corps environnans
et sur les fluides qu'ils contiennent. Un examen approfondi de toutes ces choses nous
dévoilera sans doute quelques-unes des lois
auxquelles les végétaux sont soumis. Nous
jetterons un coup d'œil général sur les parties
extérieures qu'ils nous présentent; puis pénétrant plus avant dans l'organisation, nous
décrirons la structure des organes intérieurs,
nous indiquerons leurs usages, nous mon-
trerons les rapports qu'ils ont avec les formes

et les fonctions des organes extérieurs , et,
réunissant ensuite toutes ces parties isolées ,
reprenant, pour ainsi dire, chaque pièce
du végétal et le recomposant, nous l'exami-
nerons depuis sa naissance jusqu'à sa mort.
Dans ce vaste sujet, combien d'idées importantes se présenteront à notre esprit ! On ne
sait ce qu'on doit admirer davantage, de la
simplicité des moyens ou de la grandeur des
résultats. Si les plantes n'ont pas , comme
les animaux , la faculté d'éviter les dangers
et de rechercher le plaisir , elles n'en sont
que plus immédiatement sous la main protectrice de la Nature. Soumises à des lois
constantes et immuables , elles parcourent
le cercle de leur existence sans jamais résister à la force qui les entraîne ; et, comme
si la puissance créatrice eût voulu nous montrer , par un grand exemple , que ce que
nous croyons en nous le résultat de notre
volonté , n'est en effet que l'action perma-
nente de sa force insurmontable ; ces êtres
insensibles se nourrissent, se fécondent, se
reproduisent, en un mot, remplissent les
fonctions les plus importantes à la vie des
individus et à la conservation des espèces,
comme ceux qui ont la conscience et le sentiment de leur existence.

Il faut l'avouer, l'étude des végétaux présente de grandes difficultés. L'anatomie et la physiologie végétales sont encore dans l'enfance ; les moyens que nous avons entre les mains pour éclaircir ce sujet sont presque tous insuffisans. Il n'en est pas ainsi de l'étude des animaux ; les parties internes sont plus distinctes et plus faciles à connoître, parce que le mouvement en nécessite la séparation ; les besoins se manifestent par les mœurs et les habitudes ; beaucoup d'animaux laissent apercevoir des signes non équivoques de plaisir ou de peine ; et d'ailleurs, leur nature étant plus rapprochée de la nôtre, il nous est souvent permis de juger d'eux par nous-mêmes, et d'apprécier leurs besoins et leurs appétits d'après ce qui se passe en nous. Par ces moyens comparatifs nous descendons des êtres dont les organes et les actions ont le plus de rapport avec les nôtres, jusqu'à ceux qui sont les plus éloignés de nous ; mais il est hors de doute qu'à mesure que l'analogie s'affoiblit, nos moyens d'étude sont moins sûrs, et, par conséquent, nos connoissances plus douteuses ; et, à plus forte raison, tout devient-il équivoque lorsque nous passons des animaux aux végétaux. Dans ceux-ci, les organes internes sont d'une finesse extrême ; le tissu qui les forme est continu dans toutes ses parties et ne présente aucun vaisseau parfaitement distinct. L'usage des tubes et des cellules qui composent ce tissu ne peut être déterminé par leur nature toujours uniforme , mais seulement par leur position qui varie. Ainsi , des cellules ou des tubes parfaitement semblables par leur forme extérieure , mais placés à des endroits différens , contiennent des fluides d'une nature fort différente , sans qu'on puisse apprécier d'aucune manière ce qui est dû à l'organisation et ce qui est dû à des causes purement chimiques.

En considérant de combien d'obstacles l'étude de cette science est environnée , on ne s'étonne plus qu'elle soit si loin de sa perfection. Les anciens n'avoient pas la plus légère notion de l'anatomie et de la physiologie végétales ; ils ne pouvoient pas même en avoir, puisqu'ils ne connoissoient point le microscope, et qu'ils n'avoient que des idées obscures sur la chimie , dont le secours étoit indispensable pour obtenir quelque résultat satisfaisans. Le hasard ou le besoin leur avoit fait connoître quelques faits importans , mais ils les avoient vus avec l'irréflexion d'hommes qui ne soupçonnent pas même qu'il soit possible d'expliquer les phénomènes qui se passent sous leurs yeux. Ils savoient, de tems immémorial, que la poussière des fleurs des palmiers mâles fécondent les palmiers femelles, et ils n'en avoient tiré aucune conséquence générale sur la fécondation des plantes, bien loin d'avoir aperçu que dans les végétaux, comme dans les animaux, il faut, pour la reproduction d'un nouvel être, le concours d'organes mâles et femelles. Ils connoissoient l'art de greffer, et n'avoient aucune lumière sur la cause de l'union de la greffe et du sujet. Ils avoient observé que les feuilles ou les fleurs de certaines plantes ont des mouvemens extraordinaires lorsqu'on les touche, ou lorsqu'elles reçoivent les rayons du soleil; mais ils avoient négligé d'en rechercher la cause. Il en est de même de beaucoup d'autres phénomènes non moins importans, qui n'étoient pas inconnus d'Aristote, de Théophraste, de Pline, et sans doute des autres naturalistes de l'antiquité.

A la renaissance des lettres, on ne fit, comme je l'ai dit plus haut, que répéter ce qu'avoient écrit les anciens, et pendant long-tems on substitua à l'observation de la Nature un vain jargon philosophique plus fatal aux sciences que l'oubli dans lequel elles étoient plongées auparavant. C'est à tort qu'un auteur moderne, homme d'un grand mérite d'ailleurs, avance qu'en 1592 Zaluzianski avoit des idées justes sur le sexe des plantes. Zaluzianski ne savoit de cet important phénomène que ce que Pline et Théophraste ont publié sur la fécondation des palmiers, et il n'y a rien ajouté ; on pourroit même se plaindre qu'il n'ait pas cité Pline qu'il a copié servilement.

La découverte des sexes des plantes n'a devancé que d'un siècle les travaux anatomiques de Grew et de Malpighi. Ces deux célèbres observateurs publièrent leurs immortels ouvrages à la fin du dix-septième siècle. Il falloit qu'ils fussent doués d'un génie bien supérieur pour se frayer tout à coup une route si différente de celle qu'on avoit suivie jusqu'alors. Ils étudièrent la Nature sur ses propres œuvres, et joignant la patience à la pénétration, les expériences et l'observation à la philosophie et au raisonnement, ils répandirent une vive lumière sur l'organisation végétale, et remplacèrent par des faits les mots vuides de sens de leurs devanciers et de leurs contemporains. Leurs écrits sont peut-être encore ce que nous avons de plus parfait sur l'anatomie des plantes. A la vérité, on a fait depuis eux une multitude d'observations isolées, parmi lesquelles il en est plusieurs de la plus haute importance pour les progrès de l'anatomie. On doit beaucoup aux travaux de Duhamel, Hedwig, De Saussure, Spallanzani, Comparetti, Médicus. L'ouvrage de Gærtner, en se bornant à l'examen extérieur des parties qui composent la graine, présente néanmoins un travail anatomique d'autant plus précieux, qu'il peut servir à la fois aux progrès de la physiologie et de la botanique. Daubenton a fait de bonnes observations sur l'organisation des tiges. Desfontaines a jeté les premiers fondemens de l'anatomie comparée des végétaux dans son excellent Mémoire sur l'organisation des plantes monocotyledones et dicotyledones. D'autres ont travaillé avec succès sur les bourrelets, les épines, les poils, etc. Mais personne n'a considéré l'ensemble de l'organisation. Voilà, sans doute, ce qui fait que les ouvrages de Malpighi et de Grew, malgré leur imperfection, ont encore une sorte de supériorité sur les ouvrages des modernes. Qu'il me soit permis de le dire, on est bien loin de posséder un traité complet d'anatomie végétale.

La

La physiologie a fait plus de progrès; mais il faut convenir que sa marche sera toujours incertaine, tant qu'on n'aura pas de notions exactes sur l'organisation intérieure.

Camerarius, qui florissoit à la fin du seizième siècle, est le premier qui ait prouvé l'existence des sexes dans les plantes par des observations et des expériences suivies. Au commencement du dix-huitième siècle, Geoffroy et Vaillant confirmèrent cette vérité par de nouvelles recherches ; mais elle n'eut qu'un petit nombre de partisans, jusqu'à l'époque où Linnæus en fit la base de son ingénieux Système. Il donna tant d'éclat à cette découverte, qu'on oublia ceux à qui on en étoit redevable, pour lui en attribuer tout l'honneur. Cependant, jusqu'à Spallanzani on avoit reçu cette doctrine avec l'enthousiasme qu'inspirent presque toujours les idées brillantes, mais on ne l'avoit pas encore soumise à une critique sévère. Ce grand observateur entreprit ce travail difficile et l'exécuta avec la supériorité de génie qui le caractérise. Son ouvrage sur la génération des animaux et des plantes est un des plus beaux modèles que nous possédions sur l'art d'observer.

Malpighi et Grew avoient fait quelques

observations sur la germination, le développement des plantes et la marche de la sève. Leurs travaux furent suivis avec activité par Hales, Charles Bonnet, Duhamel, et plusieurs autres savans distingués.

La Statique des végétaux de Hales contient une multitude de belles expériences sur la force de succion des plantes. Les recherches de Bonnet sur l'usage des feuilles et sur la germination ne sont pas des ouvrages moins recommandables. La Physique végétale de Duhamel est le traité le plus complet et le plus méthodique que nous possédions sur cette partie; on y trouve l'examen et la critique de tous les systèmes adoptés jusqu'alors, et un grand nombre d'expériences très-ingénieuses sur le développement des végétaux, sur l'irritabilité, etc. Malheureusement la partie anatomique est imparfaite. On doit à Linnæus la connoissance de beaucoup de faits sur l'irritabilité végétale, sur le sommeil des plantes, etc. Desfontaines et Décandolle ont aussi fait un grand nombre d'observations sur le même objet. Priestley, Senebier, Ingen-Housz ont tiré un grand parti de la chimie appliquée aux végétaux dans leur état de santé.

Je pourrois encore rappeler ici beaucoup

de recherches importantes, mais je me réserve d'en parler quand je traiterai des divers phénomènes de la végétation.

On voit, d'après cet exposé, que nous possédons un travail beaucoup plus complet sur la physiologie que sur l'anatomie, et il est évident pour tout bon esprit que ces deux sciences sont inséparables, ou, pour mieux dire, n'en font qu'une, puisque la connoissance des organes ne peut être de quelqu'intérêt que par la connoissance des fonctions, et qu'il n'est pas possible de prendre une idée nette des fonctions, si l'on ignore la forme et la disposition des organes. Cette vérité m'a déterminé à m'occuper plus particulièrement de l'anatomie végétale. Je me suis efforcé d'en saisir l'ensemble, afin de présenter dans un seul cadre toutes les observations importantes, qui jusqu'à ce jour sont restées isolées. Mais quelqu'ait été la persévérance de mes recherches, je connois trop bien les difficultés de l'entreprise pour me flatter d'avoir atteint le but, et je ne considère ce travail que comme une esquisse imparfaite.

SECOND DISCOURS

PRÉLIMINAIRE.

Aperçu des parties extérieures qui composent le végétal.

Avant d'exposer l'organisation intérieure des plantes, il convient d'en tracer à grands traits les principaux caractères extérieurs, afin que l'esprit, soutenu par ces idées générales, ramène chaque fait à l'ensemble, et ne se laisse pas subjuguer par la multiplicité des détails. Je n'énoncerai ici que ce qui est commun à la plupart des végétaux, et je ne me jetterai dans aucune discussion : les discussions ralentiroient ma marche ; elles n'éclaireroient point ceux qui savent, et seroient inintelligibles pour les autres. Ce n'est pas encore le moment de peser les faits ; il suffit d'exposer les vérités sur lesquelles presque tous les botanistes sont d'accord.

Les plantes sont l'ornement de la terre ; elles croissent dans tous les climats et à toutes les expositions. La Nature, qui a pris plaisir à varier leurs formes et leur aspect, leur a aussi donné des mœurs et des besoins différens. Il en est qui ne végètent que sur le sol brûlé de la zone torride; d'autres qui habitent les climats doux et tempérés, où elles sont également à l'abri des chaleurs et des froids excessifs; d'autres qui ne se développent qu'entourées de neige et de frimats. Telle espèce pare de sa verdure le sommet des plus hautes montagnes; telle autre croît dans les mers les plus profondes. La plupart sont attachées à la terre; un petit nombre, véritables parasites, naissent sur l'écorce d'autres végétaux, et se nourrissent de la sève qu'elles détournent à leur profit.

Toutes les plantes ont une racine; c'est un organe qui croît en sens inverse des autres parties, et qui, pour l'ordinaire, se dirige vers le centre de la terre dans laquelle elle s'enfonce : c'est sur-tout par la racine que les végétaux prennent leur nourriture.

La tige, moins nécessaire, n'existe pas dans toutes les plantes; elle tend presque toujours à s'élever vers le ciel; mais quelquefois trop foible et privée de soutien, elle se replie et rampe à la surface de la terre. Dans les arbrisseaux et les arbres, elle est

C 3

ligneuse ; dans les plantes annuelles, elle est molle et herbacée ; dans les graminées, elle est composée de tubes soudés les uns à la suite des autres par des nœuds solides ; dans le pissenlit, le colchique et quelques autres herbes, elle est dépourvue de feuilles, et porte la fleur à son sommet ; dans la plupart des végétaux, elle se couvre de feuilles et se divise en branches, lesquelles se subdivisent en rameaux.

Quelques mois suffisent pour le développement total d'une herbe ; mais les plantes ligneuses croissent et se développent durant plusieurs années, et quelquefois pendant des siècles. De petits corps arrondis ou coniques, formés de lames minces, appliquées les unes sur les autres, se montrent chaque année dans l'aisselle des feuilles. Ce sont les boutons qui recèlent les germes des productions de l'année suivante, et les garantissent de la rigueur de l'hyver. Quelquefois ces boutons naissent sur des racines vigoureuses qui survivent à la chûte annuelle des tiges, et alors ils prennent le nom de turion. Le bulbe ou l'oignon des lis, des aulx, des scilles, n'est autre chose qu'une espèce de bouton, et c'est improprement qu'on lui a donné le nom de racine.

Les boutons produisent les bourgeons, qui deviennent des branches ou des rameaux, divisions et subdivisions de la tige principale.

Il suffit de nommer les feuilles pour en rappeler l'idée, et cependant il semble qu'il soit impossible d'en donner une bonne défi-nition. Une multitude de caractères les font reconnoître, mais pas un d'eux n'est appli-cable à toutes. Les feuilles sont en général des lames vertes qui n'ont, pour ainsi dire, point d'épaisseur, et qui, selon les espèces, prennent des formes différentes: elles naissent des racines, des tiges, des rameaux ; tantôt minces et dilatées au point même d'où elles partent ; tantôt resserrées à leur naissance en un support nommé pétiole. Les unes ne touchent à la plante que par le point d'in-sertion ; les autres l'embrassent à leur base, et forment autour des rameaux ou des tiges une espèce de gaîne.

A la base des pétioles sont quelquefois des stipules, appendices semblables à de petites feuilles.

Les racines, enfoncées dans la terre, ont plus d'utilité que d'éclat. Les feuilles, ex-posées à l'air et à la lumière, sont, sinon toujours la plus éclatante, du moins la plus durable parure du végétal ; et, comme des racines aériennes, elles puisent dans l'atmos-phère les fluides qui conviennent au déve-loppement de l'individu. Les feuilles sont comparables, sous quelques rapports, aux branchies des poissons et des animaux sans vertèbres.

Tels sont les organes destinés à la conservation des individus; nous allons maintenant indiquer ceux qui servent à la reproduction de l'espèce.

Tous les êtres organisés ont la faculté de reproduire des êtres semblables à eux. Dans la plupart des animaux et des plantes, cette reproduction s'opère par le concours de deux organes : l'un mâle, est l'organe fécondateur; l'autre femelle, est susceptible d'être fécondé. Ce n'est pas ici le lieu d'examiner quel moyen la Nature a mis en œuvre dans certains êtres pour propager l'espèce sans le secours de la fécondation; je laisse ces exceptions de côté, et j'indique seulement les lois les plus générales.

Eloignons de notre esprit toutes les idées superficielles que le seul nom de fleur fait naître, et considérons cet organe sous son point de vue important. Les enveloppes brillantes des organes de la fécondation ne constituent pas la fleur; ce sont des parties accessoires où la Nature semble avoir d'autant plus accordé au luxe qu'elle a moins donné à l'utilité. La fleur existe par la seule présence de l'organe mâle ou femelle des végétaux ; mais elle n'est complette qu'autant qu'elle est composée des deux organes, entourés par un périanthe double qui comprend le calice et la corolle, enveloppes florales. Cet appareil est de courte durée ; une fois la fécondation opérée, la fleur et son périanthe se flétrissent.

— La fleur est quelquefois sessile, c'est-à-dire, portée immédiatement sur la tige ; elle est quelquefois pédonculée, c'est-à-dire, portée sur un support non ramifié ; elle est quelquefois pédicellée, c'est-à-dire, portée sur une division d'un support ramifié.

L'organe mâle des végétaux est connu sous le nom d'étamine. C'est ordinairement un filet, chargé à son extrémité supérieure, d'une anthère, petit sac rempli d'une poussière fécondante appelée pollen. L'anthère a presque toujours deux loges séparées par une cloison qui est le prolongement du filet. L'anthère peut constituer, à elle seule, l'organe mâle ; le filet n'est qu'accessoire ; il manque dans beaucoup d'espèces. La plupart des végétaux ont plusieurs étamines.

L'organe femelle, ou pistil, placé ordinairement au centre de la fleur, est composé de l'ovaire, du style et du stigmate. L'ovaire est la partie inférieure ; il est gonflé, et contient les fœtus ou ovules dans une ou plusieurs loges. Le style est un prolongement de l'ovaire, plus délié que lui, partant quelquefois de sa partie latérale ou de sa base, mais plus ordinairement de son sommet. Le style est chargé à son extrémité supérieure d'un corps glanduleux, qui est le stigmate ; c'est cette dernière partie qui reçoit le pollen, et c'est par elle que s'opère la fécondation. -

Le style manque dans beaucoup d'espèces : l'ovaire et le stigmate sont des parties essentielles qui ne manquent jamais.

Le périanthe est une enveloppe placée immédiatement à la base des parties de la fécondation, et qui est continu avec le support de la fleur. Dans beaucoup de végétaux il est simple, et il convient de le nommer alors périanthe simple ; dans un plus grand nombre il est double ; l'une des parties est externe et prend le nom de calice ; l'autre est interne et prend le nom de corolle (1).

---

(1) Cette division est nouvelle et elle m'appartient ; je le dis avec d'autant plus de confiance que Philibert, dont je connois toute la sagacité, l'a adoptée dans un ouvrage qu'il a publié il y a environ un mois. Mais cet auteur regarde cette division comme étant seulement plus commode, et s'il avoit fait les ré-

Le calice est presque toujours verd, herbacé, et plus susceptible de se dessécher que
de se flétrir.

La corolle, à l'exception de la couleur
verte, se teint de toutes les nuances ; elle
est molle, aqueuse et fugace. Le moindre
attouchement suffit pour ternir son éclat.

Quant au périanthe simple, tantôt sa
substance ressemble à celle du calice, tantôt
à celle de la corolle, et tantôt elle est mixte,
c'est-à-dire, que sa consistance et sa couleur
participent de l'un et de l'autre.

Le périanthe simple est monophylle lorsqu'il est formé d'une seule pièce, et poly-
phylle lorsqu'il est formé de plusieurs ; chaque

---

cherches et les observations qui m'ont conduit à ces
résultats, je suis convaincu qu'il penseroit avec moi
qu'elle joint à la commodité plus de vérité et de
précision. Il y a deux ans que, pour la première fois,
j'ai développé mes idées sur les enveloppes des fleurs
à l'Athénée français, en présence d'une assemblée
d'hommes qui, pour la plupart, sont versés dans les
sciences, et il m'a paru que cette division étoit goûtée.
Cette année, je l'ai développée de nouveau devant la
même assemblée, et je crois que c'est avec le même
succès. J'ai consulté aussi quelques hommes très-
éclairés dans la botanique, tels que De Jussieu,
Ramond, Beauvois, Decandolle, Duchêne, etc. ; et
si je n'ai pas eu l'assentiment de tous, au moins puis-je
dire que j'ai eu celui du plus grand nombre.

partie prend le nom de foliole ; le calice modifié de la même manière prend les mêmes dénominations ; la corolle est monopétale ou polypétale, selon qu'elle est formée d'une ou plusieurs pièces, qui prennent chacune le nom de pétale.

— Le périanthe simple, et le calice et la corolle, qui forment le périanthe double, offrent, quand ils sont d'une seule pièce, le tube, qui est la partie inférieure ; la gorge, qui est l'orifice du tube, et le limbe, qui est le bord supérieur mince et dilaté.

Voilà les organes que la Nature combine de diverses manières pour composer la fleur, cette précieuse production où souvent elle étale le coloris le plus brillant et les formes les plus gracieuses ; mais que, souvent aussi, elle prive de tout éclat, comme pour nous montrer que ces magnifiques périanthes ne sont que des ornemens accessoires, qu'elle peut accorder ou refuser, sans rien changer au but qu'elle se propose ; car la fleur existe par cela seul que le végétal porte un organe de la fécondation.

Les fleurs ont quelquefois des enveloppes secondaires. Ce sont les bractées, petites feuilles qui naissent à la base des fleurs et qui diffèrent toujours des autres feuilles, soit par leur consistance, soit par leur forme, soit par leur couleur.

Les bractées, réunies plusieurs ensemble au dessous des fleurs, forment une colerette, ou, pour parler le langage des botanistes, un involucre.

La glume des graminées, qui est une sorte de calice ou d'involucre, suivant qu'elle renferme une ou plusieurs fleurs, et la bâle qui, comme la corolle, recouvre immédiatement les organes de la génération, dans cette même famille, ne sont autres choses que de petites bractées, semblables à des écailles ou à des paillettes.

On doit encore considérer comme bractées les spathes, organes membraneux et quelquefois ligneux, qui environnent et cachent d'abord absolument une ou plusieurs fleurs, et ne les laissent voir que lorsqu'ils viennent à s'ouvrir, à se déchirer ou à se dérouler. Les spathes n'existent et ne peuvent exister que dans les végétaux, dont les feuilles sont de nature à former un étui autour de la tige.

Le support principal de plusieurs fleurs et le support d'une fleur solitaire, est un pédoncule ou une hampe, selon qu'il part de la tige et des rameaux ou de la racine. Les pédicelles sont les dernières ramifications du pédoncule commun à plusieurs fleurs, ou, si l'on veut, ce sont les pédoncules particuliers de chaque fleur.

Ordinairement, après la fécondation, les styles, les stigmates, les étamines, les périanthes se flétrissent ou se dessèchent. L'ovaire seul survit et continue de se développer. Considérons le végétal dans ses moyens de de reproduction. C'est en quelque sorte l'époque de la maternité qui commence. — L'ovaire prend alors le nom de fruit : on y distingue le péricarpe et la graine.

Le péricarpe n'est autre chose que la paroi de l'ovaire, qui change de nature par la maturité. Selon qu'il est dur ou mou, sec ou succulent, simple ou composé, on lui donne des dénominations différentes. Sa partie interne forme une loge souvent partagée par des cloisons.

Tantôt le péricarpe est d'une seule pièce et ne s'ouvre pas ; tantôt il est composé de plusieurs valves ou portes rapprochées et comme soudées les unes aux autres ; à l'époque de la maturité, ces valves se désunissent.

Au centre de la cavité du péricarpe est quelquefois une petite colonne ou columelle verticale, qui sert d'appui aux cloisons et souvent de placenta aux graines.

Le placenta est la partie du péricarpe où chaque graine est fixée.

La graine est l'œuf végétal. C'est dans son sein qu'est caché le germe qui assure la reproduction de l'espèce.

La graine adhère au péricarpe par un filet plus ou moins alongé, analogue au cordon ombilical des animaux. Ce filet s'épanouit quelquefois à son point d'attache sur la graine, en une membrane qui l'enveloppe en partie, sans contracter avec elle aucune adhésion ; cette membrane est l'arille.

Les parties internes des graines sont ordinairement recouvertes par deux enveloppes très-minces ; la plus extérieure est le testa ; l'autre est la membrane interne. La première est plus ferme, plus épaisse, souvent colorée, quelquefois inégale, percée à sa superficie d'une ouverture qui correspond au cordon ombilical, et que l'on désigne sous le nom d'ombilic. La seconde est toujours molle, fine, blanchâtre, transparente et lisse ; elle n'a point d'ouverture visible.

Dessous la membrane interne est l'embryon, foible et première esquisse de la plante qui se développera un jour. On y distingue la radicule, petit cône qui doit s'alonger en racine ; la plumule, assemblage de feuilles à peine formées et pliées sur elles-mêmes, qui indique l'origine de la tige ; et au colet, c'est-à-dire, au point de jonction de la radicule et de la plumule, on remarque une ou deux feuilles ordinairement très-apparentes, plus ou moins épaisses, auxquelles on a donné le nom de cotyledons ou de feuilles séminales.

La présence d'un ou deux cotyledons n'est point une chose indifférente. Par ce premier trait de l'organisation, la Nature sépare deux grandes classes qui embrassent presque tous les végétaux.

Lorsque ces cotyledons sont très-minces, l'embryon est accompagné de l'albumen ou périsperme, substance farineuse, sèche ou oléagineuse ; mais lorsque les cotyledons sont épais et charnus, cette substance n'est point apparente, parce qu'elle remplit alors le tissu cellulaire des cotyledons.

L'albumen de la graine nourrira l'embryon dans ses premiers développemens, comme l'albumen ou le vitellus des œufs des oiseaux, et le lait des quadrupèdes nourrissent les fœtus qui arrivent à la vie.

LIVRE

LIVRE PREMIER (1).

DES ORGANES ÉLÉMENTAIRES.

INTRODUCTION.

Après avoir lu avec attention les écrits les plus estimés sur l'organisation des végétaux, sans parvenir à prendre une idée nette de leur anatomie intérieure, il m'a semblé que j'arriverois plus sûrement à ce but en étudiant la Nature dans ses propres ouvrages. Je me suis donc efforcé de bannir de mon esprit toute espèce de système, afin que mes observations n'en reçussent aucune atteinte.

Tous les végétaux ont trop de rapport dans le mode de leur développement pour que leur organisation n'ait pas de grandes similitudes. Cette réflexion, qui se présente d'abord naturellement à l'esprit, m'a déterminé à diriger mes premières observations

____

(1) Ce livre a été le sujet d'un Mémoire que j'ai eu l'honneur de lire à la classe des sciences de l'Institut.

D

sur une seule espèce. J'ai choisi le sureau ; comme étant d'un tissu plus lâche et plus facile à observer que celui de beaucoup d'autres végétaux. Pendant six mois consécutifs, j'ai employé tous les procédés connus pour parvenir à la connoissance des organes élémentaires de cette plante ; je me suis servi comparativement de quatre ou cinq microscopes différens, et quand j'ai cru avoir saisi la série des faits, j'ai tenté les mêmes observations sur un grand nombre d'autres végétaux. Les rapprochemens que je fis alors ont beaucoup contribué à m'éclairer sur la nature et la forme des organes; et pour écarter, par tous les moyens possibles, les illusions qui pouvoient m'induire dans une fausse route, j'ai prié Massey, mon ami et mon collaborateur, de revoir mes observations et d'en faire une critique sévère. Ses observations, comparées aux miennes, les ont confirmées ou rectifiées.

Je vais donner la description des parties que je nomme *organes élémentaires*, parce qu'en effet tous les autres organes n'en sont que des composés.

CHAPITRE PREMIER.

Des parties que l'on distingue à l'œil nu.

Les végétaux, en général, sont composés, comme tout le monde a pu l'observer, de parties molles et dures. A la vérité, quelques-uns, tels que les champignons et les fucus, semblent formés entièrement d'une substance homogène, assez molle ; mais cette classe est peu nombreuse.

La tige des plantes plus parfaites présente à sa superficie une substance colorée, molle, plus ou moins épaisse, c'est l'écorce : elle adhère fortement aux parties intérieures dans un grand nombre de plantes mono-cotyledones, et quelquefois même elle se confond et se lie avec elles, au point qu'il est impossible de les distinguer ; alors on peut dire qu'il n'existe point d'écorce ; c'est ce qu'on observe dans les palmiers, les graminées, etc. Mais, dans les dicotyledones et quelques monocotyledones, l'écorce très-distincte du reste du tissu forme une couche extérieure que l'on détache facilement.

Dessous l'écorce on trouve le bois plus compacte , plus dur , plus lié dans toutes ses parties , et qui semble formé par des fibres longitudinales, collées fortement les unes aux autres. Dans les monocotyledones sans écorce , on le trouve immédiatement dessous l'épiderme, membrane fine et transparente, qui est la partie la plus extérieure des végétaux.

Le bois , comme l'a dit le savant Desfontaines, dans son excellent Mémoire sur l'anatomie comparée des végétaux , le bois est distribué , dans la longueur des tiges et des branches des monocotyledones , en filets déliés ; ces filets sont souvent parallèles , et quelquefois convergens les uns vers les autres; ils se réunissent un à un , deux à deux , ou se divisent et se ramifient en filets plus déliés encore. Tous ces filets sont environnés d'une substance molle , élastique , spongieuse , facile à déchirer , ordinairement blanchâtre , à laquelle on a donné le nom de moëlle, et que j'appellerai *parenchyme* pour ne pas la confondre avec la moëlle des plantes dicotyledones. Le bois de ces dernières , toujours placé dessous l'écorce , n'est point divisé en filets distincts ; il forme communément un cylindre, au centre duquel est

placée la moëlle comme dans un étui. Néanmoins quelques plantes, évidemment pourvues de deux cotyledons, m'ont offert des
filets ligneux, semblables à ceux des monocotyledones, parcourant le canal médullaire
dans sa longueur ; mais ce sont des exceptions
qui ne détruisent point la règle générale.

Dans les arbres ou les arbrisseaux à deux
cotyledons, on observe presque toujours des
lignes distinctes du bois, qui partent de la
moëlle, traversent le cylindre ligneux et
aboutissent à l'écorce ; elles se dessinent sur
la coupe transversale des troncs, des tiges,
des branches, des rameaux, comme les lignes
horaires d'un cadran. On leur donne le nom
de rayons médullaires. Elles ne se montrent
que rarement dans les tiges des herbes dicotyledones, et n'existent point dans les monocotyledones, soit herbacées, soit ligneuses.

Dans les feuilles, les fleurs, les péricarpes,
etc., on trouve également des parties plus
ou moins molles, plus ou moins dures, dont
la substance paroît semblable à l'écorce, à
la moëlle ou au bois.

Telles sont les différentes parties que les
végétaux présentent à la simple vue. Il faut
maintenant rechercher quels organes élémentaires entrent dans leur composition.

CHAPITRE II.

Du tissu membraneux.

LES végétaux sont formés d'un tissu membraneux, qui varie par sa forme et sa consistance, non seulement dans les espèces différentes, mais encore dans le même individu. Je n'examinerai pas si les membranes sont composées de fibres organiques, rangées les unes à côté des autres, et réunies par un gluten, comme le prétendent quelques auteurs : cette supposition n'est susceptible ni d'une démonstration sévère, ni d'une réfutation en forme ; c'est un de ces systèmes qui amusent l'esprit, quand les recherches deviennent infructueuses. Je me contenterai de dire que, quelle qu'ait été la persévérance de mes observations, je n'ai jamais aperçu de véritables fibres dans les végétaux ; les filets, auxquels on a donné ce nom, ne sont que des membranes qui se déchirent en lanières longitudinales : tels étoient les filamens déliés que Duhamel séparoit d'un

brin de bois qu'il observoit au microscope.

Le tissu membraneux, quoique continu
dans toutes ses parties, forme deux espèces
d'organes différens : le tissu cellulaire et le
tissu tubulaire.

CHAPITRE III.

Du tissu cellulaire.

Ce tissu offre à l'observateur une suite de poches membraneuses, qui paroissent, au premier coup d'œil, n'avoir aucune communication entre elles. Ce ne sont point de petites outres ou utricules, comme le disent la plupart des auteurs ; c'est une membrane qui se dédouble en quelque sorte, pour former des vuides contigus les uns aux autres. Dans les parties où ces cellules n'éprouvent aucune pression étrangère , elles sont toutes également dilatées , leurs coupes transversales et verticales présentent des hexagones semblables aux alvéoles des abeilles ; chaque côté de ces figures géométriques sont communs à deux cellules , et tout le tissu est d'une régularité admirable ; mais, lorsqu'une force étrangère comprime le tissu , les hexagones se déforment et font place quelquefois à des parallélogrammes plus ou moins alongés. Les parois membraneuses des cel-

lules sont très-minces et sans couleur ; elles
sont transparentes comme le verre ; leur
organisation est si déliée, que les microscopes les plus forts ne peuvent la faire apercevoir. Elles sont ordinairement criblées de
pores dont l'ouverture n'a certainement pas
la trois - centième partie d'une ligne ; ces
pores sont bordés de petits bourrelets inégaux et glanduleux, qui interceptent la
lumière et la réfractent avec force lorsqu'ils
en reçoivent les rayons. Le tissu cellulaire
est spongieux, élastique, sans consistance ;
plongé dans l'eau, il s'altère, et même se détruit en peu de tems ; il se réduit alors en
une espèce de mucilage. Les pores établissent
la communication d'une cellule à une autre,
et servent à la transfusion des sucs, qui est
extrêmement lente dans ce tissu. Je dois
même observer qu'il n'est pas conducteur
des fluides répandus dans le végétal, et qu'il
ne produit rien par lui-même.

J'ai dit que les membranes sont transparentes et sans couleur : cela est vrai quand
le tissu est dégagé de tout corps étranger ;
mais souvent il est masqué par des substances colorées qui en ternissent la transparence. Ce tissu existe dans tous les végétaux,

non pas en égale proportion. Les champignons et les fucus ne m'ont paru qu'un
composé de tissu cellulaire. L'écorce des
monocotyledones et des dicotyledones en
est presque entièrement formée ; là, il est
ordinairement un peu comprimé entre l'épiderme et le bois ; il est rempli de sucs résineux et colorés ordinairement en verd,
mais quelquefois en rouge ou en jaune,
selon les végétaux, ce qui donne des teintes
différentes à l'épiderme, qui n'est autre
chose que la paroi extérieure du premier
rang de cellules, comme le pensoit Malpighi.
La moëlle, dans toutes les plantes, est composée de cellules hexagones. Dans les plantes
herbacées, et sur-tout dans celles qui sont
très - succulentes, ces cellules sont souvent
remplies de sucs plus ou moins épais ou
colorés. Dans les plantes ligneuses, naturellement plus sèches, elles sont, au contraire,
presque toujours vuides et transparentes. Le
tissu cellulaire est charnu et succulent dans
les racines bulbeuses ; il est ferme et cassant
dans les cotyledons, sec et aride dans l'albumen des graines. Le parenchyme des
feuilles, des bractées, des stipules, des calices, est formé par des cellules remplies

d'un suc presque toujours coloré en verd. Les
riches corolles, qui étalent à la lumière l'élé-
gance de leurs formes et la vivacité de leurs
couleurs, mais dont la fraicheur s'évanouit
en un moment, ne sont aussi que des lames
minces de tissu cellulaire ; les sucs, qui gonflent les membranes transparentes dont elles
sont formées, leur donnent ces couleurs,
tantôt fondues les unes dans les autres par
des teintes imperceptibles, tantôt opposées
brusquement et faisant ressortir leur éclat
par leur contraste. Ici, le tissu cellulaire est
si délicat, que l'attouchement le plus léger
suffit pour l'altérer et le ternir ; la moindre
pression le réduit en mucilage ; il semble
n'être que le produit momentané de l'air
et de l'eau. On observe encore ce tissu dans
les étamines et les pistils. Le pollen, cette
poussière fine qui renferme dans son sein
le fluide subtil nécessaire à la fécondation,
ne paroît lui-même qu'un amas de petits
sacs formés de tissu cellulaire ; enfin, c'est
encore ce tissu qui se dilate pour produire
les fruits succulens.

Proportion gardée, les cellules sont plus
abondantes dans les herbes que dans les
arbres, et dans les jeunes pousses que dans

l'ancien bois. L'embryon n'est composé presqu'entièrement que de tissu cellulaire. Les rayons médullaires, qui s'étendent du centre à la circonférence dans les troncs et les branches des arbres à deux cotyledons, ne sont aussi quelquefois qu'une lame mince de cellules.

CHAPITRE IV.

Du tissu tubulaire.

Il y a deux genres de tubes : les grands et les petits.

ARTICLE PREMIER.

Des grands tubes.

Dans les premiers tems de leur formation, les grands tubes ne sont pas, comme on pourroit le penser, des canaux membraneux séparés et distincts du tissu; ce sont des ouvertures ménagées dans le tissu même, et elles n'existent que parce qu'il y a une lacune dans les membranes. Telle est l'extrème simplicité de l'organisation des végétaux, que toutes les différences qu'on y observe se bornent presque uniquement à quelques modifications dans le tissu cellulaire. Mais les parois de ces grands tubes, continuellement humectées par les fluides qui abreuvent le végétal, prennent peu à peu plus de consistance et se séparent du reste du tissu quand leur solidité surpasse celle des membranes environnantes. Je n'ai jamais pu apercevoir de grands tubes dans les champignons , les lichens ; les fucus , même en me servant du microscope ; mais il suffit d'avoir la vue bonne , pour distinguer l'ouverture de ces canaux sur la coupe transversale des tiges , des branches et des racines de plusieurs monocotyledones et dicotyledones. Dans les premières , on les trouve toujours au centre des filets ligneux, et quelquefois même ils en composent la majeure partie ; dans les secondes , ils sont répandus souvent comme au hasard dans le bois : quelquefois aussi ils y forment des groupes placés assez régulièrement de distance en distance , ou bien ils y sont rangés en zones concentriques ; ils sont sur - tout très-nombreux autour du canal médullaire. On les trouve également dans l'écorce. Si on les suit dans leur marche, on les voit naître dans la racine , traverser le collet , s'élancer dans le tronc et s'élever parallèlement les uns aux autres ; puis se joindre , se séparer et se détourner de leur route verticale pour pénétrer le bouton qui se forme à la superficie de l'écorce , s'alonger avec lui et se distribuer dans toutes ses ramifications, passer de la branche dans les filets ligneux, dont le faisceau compose le pétiole, et se partager dans les grosses nervures des feuilles, comme les artères et les veines se distribuent dans le corps humain. On peut encore les observer dans les nervures des périanthes, les filets de quelques étamines, les pistils, et dans les filets ligneux qui parcourent la pulpe des fruits. A peine l'embryon est-il formé, que déjà on les aperçoit. Dans cette enfance du végétal, ils ne sont point masqués par le bois qui n'existe pas encore; la substance qui doit le produire est alors dans un état de fluidité qui permet à l'observateur d'examiner les parties qu'elle recouvre. Ce n'est pas encore le moment de parler de ce chyle végétal produit par les fluides élaborés dans les vaisseaux de la plante ; j'y reviendrai bientôt. Les grands tubes forment quelquefois les rayons médullaires, comme je l'ai observé dans les prêles, cependant je crois que ce cas est rare.

Il y a quatre espèces de grands tubes : les tubes simples, les tubes poreux, les fausses trachées et les trachées. Ce sont des modifications d'un même organe.

1°. *Les tubes simples.* Les parois de ces tubes sont parfaitement entières ; on n'y aperçoit ni pores, ni fentes; ils contiennent ordinairement des sucs résineux ou huileux, connus sous la dénomination de *sucs propres*. Ces tubes sont très - remarquables dans les arbres-verds, dans les euphorbes, les périploca, et en général dans toutes les plantes dont les sucs sont épais; ils sont plus nombreux et plus visibles dans l'écorce que dans aucune autre partie.

2°. *Les tubes poreux*. Leurs parois sont criblées de petits pores semblables à ceux dont j'ai parlé à l'article du tissu cellulaire, avec cette différence que ces pores sont beaucoup plus nombreux, et qu'au lieu d'être semés au hasard et sans ordre, comme il arrive souvent dans les cellules, ils sont distribués en séries régulières et parallèles autour des tubes. Ces tubes ne paroissent pas destinés, aussi particulièrement que les précédens, à contenir des sucs résineux ou huileux; on les trouve en quantité dans les bois durs, tels que le chêne.

3°. *Les fausses trachées*. Ces tubes sont coupés transversalement de fentes parallèles, ce qui feroit croire, si l'on s'en tenoit à l'apparence, qu'ils sont formés d'anneaux placés les uns au dessus des autres, ou de filets contournés en spirale; mais on ne peut les dérouler

dérouler ni les séparer en anneaux distincts, et d'ailleurs on parvient, avec un peu d'attention, à découvrir la continuité de la membrane, et par conséquent l'endroit où s'arrêtent les fentes. Ce sont donc des tubes poreux, mais dont les pores sont beaucoup plus grands que dans les précédens. Je dois même observer que le bord des fentes est garni d'un bourrelet semblable à celui qui entoure les petits pores. Ces tubes sont destinés aux mêmes usages que les tubes poreux, mais ordinairement on les trouve dans les bois moins durs et moins compactes, et souvent même dans des plantes herbacées ; je les ai observés dans un grand nombre de monocotyledones. Le centre des lycopodes présente un cylindre épais, et composé en grande partie de vaisseaux de cette nature. Les fougères en renferment aussi beaucoup dans leurs filets ligneux. Les dicotyledones n'en sont pas moins pourvues ; ils sont très-nombreux dans la vigne dont le bois est mou et poreux.

4°. *Les trachées.* L'inexpérience a fait donner à ces tubes, qui n'avoient pas été suffisamment observés, une dénomination consacrée depuis par l'usage. Les trachées des plantes ressemblent par la forme aux trachées des insectes ; on en a conclu trop légèrement que , dans les premières comme dans les seconds, les trachées devoient être l'organe de la respiration. La trachée végétale est un tube formé par un filet tourné en spirale de droite à gauche. Ce filet est opaque , brillant , argenté , épais. Sa coupe transversale m'a présenté quelquefois une lame plate ou une ellipse , et quelquefois même deux filets réunis par une membrane intermédiaire ; mais jamais je n'ai pu y apercevoir l'ouverture d'un tube comme plusieurs auteurs l'ont avancé. La surface est tantôt unie , tantôt inégale, tantôt poreuse. Les spires des trachées sont souvent si rapprochées que , lorsqu'on n'a point troublé leur disposition en brisant ou en coupant sans précaution les parties qui les recèlent, elles paroissent être des tubes continus marqués d'une strie légère. Malpighi et Reichel disent qu'on remarque des étranglemens dans la longueur des trachees, et d'abord j'avois cru aussi en apercevoir : depuis j'ai reconnu que ce n'étoit qu'une illusion d'optique. Ces tubes existent en grande quantité dans les monocotyledones et dicotyledones herbacées , sur – tout dans les espèces aquatiques dont le tissu est plus foible ; ils occupent le centre des filets ligneux dans les monocotyledones ; on les observe dans les arbres à deux cotyledons autour de la moëlle ; souvent ils y sont mêlés et confondus avec les fausses trachées. Jamais je ne les ai vus dans les parties dures des végétaux, à moins que ces parties n'aient été long-tems dans un état de mollesse, qui ait permis aux trachées de se développer ; c'est ce qui a lieu dans les branches et les tiges dont la moëlle a disparu ; ces tubes se sont formés lorsque la substance médullaire existoit. Les trachées ne se trouvent pas dans la longueur de l'écorce, mais elles pénètrent dans les pétioles et les feuilles, de même que les fausses trachées ; elles jouent par-tout le même rôle qu'elles, et ne contiennent de sucs épais que dans les plantes où ils sont fort abondans, comme dans certaines liliacées. Tout le monde sait que, pour voir ces organes à l'œil nu, il faut prendre une jeune branche verte et molle, la tordre et la briser sans secousse, afin que les trachées se déroulent sans se rompre ; alors, en opposant au jour les deux parties de la branche qu'on vient de diviser, on distingue les filets à demi-roulés qui vont de l'une à l'autre partie, et les spires se rapprochent ou s'éloignent, selon que l'on rapproche ou qu'on éloigne les morceaux ; ils se déroulent et se resserrent de même dans les feuilles qu'on a déchirées. Cependant les feuilles du *butomus umbellatus* présentent un phéno-mène contraire ; les trachées qui y sont ex-trêmement multipliées, une fois déroulées, ne se contractent plus.

Revenons aux grands tubes pris en général. La division en tubes simples, tubes poreux, fausses trachées et trachées, n'est point rigou-reuse : en l'établissant, je n'ai pas prétendu assigner les lois immuables de la Nature ; j'ai eu l'occasion d'observer qu'elle n'établit pas ici de ligne fixe de démarcation. Ainsi le *butomus umbellatus* (1) offre dans le même tube les pores des tubes poreux, les fentes des fausses trachées et les spires des vraies trachées, en sorte qu'un seul tube comprend

----

(1) On remarque, dans ce végétal, des tubes dont une partie, coupée imparfaitement de fentes trans-versales, ne se déroule point, tandis qu'une autre partie, coupée en spirale, s'alonge en trachée. J'ai vu de longues portions de ces vaisseaux offrir de distance en distance le spectacle de trachées déroulées, con-tinues avec des tubes fendus transversalement, et même avec des tubes criblés de pores. C'étoit déjà beaucoup, pour établir ma théorie, d'avoir prouvé que les trachées, les fausses trachées et les tubes se

trois des modifications que j'ai décrites : c'est cette espèce de tube composé que j'appelle *mixte* dans mon tableau. D'autres végétaux présentent quelque chose d'analogue ; ou bien on y trouve indifféremment, dans des situations semblables, l'une des quatre variétés des grands tubes. Il n'est pas rare encore de voir tous ces tubes, étroitement unis les uns aux autres, ne former qu'un même tissu. Enfin, on peut conjecturer, avec quelque apparence de raison, que, dans beaucoup de cas, les trachées ne se déroulent que parce qu'on déchire les membranes qui unissent les spires entre elles. Concluons donc que ces différences, qui paroissent au premier coup d'œil si importantes, ne sont en effet que des nuances légères dans l'économie végétale. Mais les grands tubes, considérés d'une manière plus générale , se présentent à l'esprit comme les organes créateurs et conservateurs ; leurs nombreuses

---

rencontrent à la même place et dans les mêmes circonstances ; mais s'il restoit des doutes, ce fait devroit les dissiper : il prouve évidemment que les trachées sont une modification des tubes criblés de pores. (Voyez mes observations microscopiques, dans le Journal de physique, de fructidor an 9.)

ramifications, distribuées dans toutes les parties du végétal, y portent les sucs vivifians; par elles la tige acquiert plus de vigueur; le bouton naît, perce l'écorce et s'alonge sous la forme d'une branche; la feuille se développe, la fleur s'épanouit, le fruit se gonfle et mûrit; l'embryon caché dans son sein reçoit les premiers sucs nourriciers.

ARTICLE II.

Des petits tubes.

Ils sont composés de cellules unies les unes aux autres, comme celles qui composent le tissu cellulaire; mais, dans le tissu cellulaire, les cellules ont un diamètre à peu près égal dans tous les sens, tandis que dans ceux-ci les cellules sont extrêmement alongées, et forment de véritables tubes dont les extrémités sont fermées: de plus, les parois sont moins transparentes, et les membranes qui les forment ont plus de consistance; elles sont souvent criblées d'une innombrable quantité de pores. Ce tissu est épais, solide, tenace; on le coupe d'ordinaire assez difficilement en travers, mais il offre beaucoup moins de résistance dans sa longueur, et se sépare souvent, sans qu'il soit nécessaire d'employer un grand effort, en filets plus ou moins déliés, auxquels on a donné assez improprement le nom de *fibres*. La solidité du végétal dépend sur-tout de la quantité et de la densité de ce tissu; il contient, selon les espèces où il se trouve, tantôt des sucs épais et colorés; tantôt, et plus ordinairement, des sucs limpides et sans couleur. Dans le sapin, il est imbibé d'une liqueur résineuse; dans la vigne, sur-tout au tems de la sève, il regorge d'un fluide aqueux.

L'embryon, encore enveloppé dans ses tégumens, n'a que peu ou point de petits tubes; toutes ses parties sont molles et presque mucilagineuses; on ne trouve ce tissu que dans la plante développée. On l'observe au centre ou à la circonférence des ramifications de certains lichens rameux et dans les tiges des mousses. Dans les monocotyledones, ce tissu, distribué autour des grands tubes, forme les filets ligneux; dans les dicotyledones, placés autour de la moëlle et des grands tubes qui l'environnent, ils forment des couches ligneuses. Les petits et les grands tubes sont ordinairement réunis; de la présence de ces derniers dépend l'existence des autres. Le lien qui les rassemble n'est pas autre que celui qui unit l'effet à la cause.

E 4

Cependant on trouve quelquefois les grands tubes sans les petits, et les petits sans les grands; mais il faut se rappeler que ces derniers sont l'organe créateur, et que par conséquent leur existence est indépendante de celle des autres : voilà pour le premier cas; et il faut considérer qu'il arrive une époque, pour beaucoup de végétaux, où les grands tubes se remplissent et se comblent du tissu même auquel ils donnent naissance : voilà pour le second cas (1).

Les parties avancées des cannelures et des stries qui sillonnent la superficie des végétaux, sont des faisceaux de petits tubes. On observe encore ce tissu dans les nervures les plus délicates des feuilles et des pétales; il pénètre dans les étamines, les pistils, et gagne l'extrémité des stigmates; mais, dans ces organes délicats, il perd sa rigidité, et n'est plus qu'un tissu cellulaire très-alongé.

---

(1) J'ai observé ce phénomène dans plusieurs végétaux, et notamment dans le *ruseus* ou fragon.

C H A P I T R E V.

Des lacunes.

LA Nature, qui a coutume d'opérer les développemens sans secousse, et qui conduit par des dégrés insensibles les êtres organisés du néant à la vie, de la vie à la mort, semble ici s'écarter de sa marche ordinaire ; elle détruit pour créer, et c'est de l'anéantissement des organes qu'elle fait naître un nouveau systême organique. Les lacunes sont des vuides réguliers et symmétriques, formés dans l'intérieur des végétaux par l'effet du déchirement des membranes.

Les lacunes n'existent ordinairement que dans les plantes dont le tissu est lâche. Elles sont très-nombreuses dans la plupart des herbes aquatiques ; cependant on les trouve quelquefois dans les arbres vigoureux dont le bois est très-dur ; mais dans tous les cas elles ne se forment que par la destruction du tissu cellulaire, qui est la partie la plus foible du tissu membraneu . Si les lacunes s'offrent plus habituellement dans les monocotyledones, c'est parce qu'en général ces végétaux ont moins de vigueur, et parce qu'ils ont une organisation moins parfaite, ou, si j'ose le dire, moins de puissance végétative. C'est un phénomène qui mérite toute l'attention des physiologistes, que ces déchiremens qui, loin de nuire au végétal, ne sont qu'un moyen d'accroître ses forces en les concentrant davantage. Les plantes d'un tissu flasque, et sur-tout celles qui sont plongées dans l'eau, reçoivent des sucs en abondance ; mais elles ne peuvent les élaborer, parce que les organes ne sont point assez vigoureux, relativement au volume de ces plantes qui ont plus d'embonpoint que de force réelle. Mais si, par des ruptures internes, les organes devenus inutiles sont détruits, et que les organes utiles soient conservés ; en un mot, si une partie de l'organisation est sacrifiée à l'autre, la partie qui se soutiendra, recevant seule toute la substance nutritive, acquerra plus de solidité, et le végétal pourra croître encore avec une nouvelle vigueur ; car ses forces n'auront pas diminué, et les résistances seront moindres.

On n'aperçoit point de lacunes dans l'embryon, parce que ces déchiremens sont une véritable désorganisation qui ne peut avoir lieu dans des êtres qui commencent à vivre. Ce n'est qu'avec le tems qu'elles se forment. Elles se montrent dans les pétioles des fougères, dans les tiges des potamogétons, et dans une multitude d'autres végétaux, comme des tubes longitudinaux, placés çà et là dans le tissu cellulaire. Elles affectent dans les prèles une disposition d'une extrême régularité; l'une, plus grande que toutes les autres, forme un tube au centre de la tige; autour de ce tube sont d'autres lacunes très-petites, placées circulairement; et d'autres lacunes, plus grandes que ces dernières et plus rapprochées de la circonférence, alternent avec elles. Les lacunes des feuilles des monocotyledones sont coupées de fréquentes cloisons, qui ne sont que le tissu cellulaire ramassé de distance en distance, et fermant les tubes par des diaphragmes membraneux. Cette organisation, ou pour mieux dire, cette désorganisation paroît à travers le tissu transparent des *typha* et d'une multitude d'autres monocotyledones à feuilles en épée. On peut remarquer le même phénomène dans le tissu des gaînes dont est composée la tige du bananier.

Les *restio* ont des lacunes longitudinales, et ils en ont aussi de transversales ouvertes dans l'épaisseur de l'écorce; il ne paroît pas que cette dernière espèce de lacune se présente fréquemment dans les végétaux.

On pourroit soupçonner que les grands tubes des plantes commencent toujours par n'être que des lacunes, et que les vuides intérieurs, où se développe un nouveau tissu qui augmente à la fois le volume et la densité du végétal, ne sont de même que des lacunes.

CHAPITRE VI.

Des glandes.

Les plantes ont-elles des glandes analogues
à celles des animaux, c'est-à-dire, des organes propres à donner aux fluides les
qualités nécessaires au développement et à
la conservation de l'être, en leur faisant
subir de nouvelles combinaisons et en sé-
parant les principes inutiles ou nuisibles ?
Cette question n'est pas facile à résoudre.
Dans un sujet si délicat, les choses de fait
et de raisonnement sont également obscures ;
cependant il me semble hors de doute que
nous ne saisissons avec nos plus forts microscopes que la partie grossière de l'organisation végétale. Je ne puis concevoir que
la transfusion des fluides, d'une cellule dans
une autre, suffise pour modifier ces fluides
au point de les changer en matière organisée,
et de les rendre susceptibles de donner un
nouvel accroissement et une nouvelle vigueur à la plante. Je ne concevrois pas davantage que les lois ordinaires de la chimie

pussent seules opérer ce phénomène, parce que, dans l'une et l'autre hypothèse, rien n'empêcheroit que le travail ou le hasard ne dévoilât à l'homme le secret de la Nature : or, cette conséquence répugne à la raison. Il me paroît donc plus judicieux d'admettre des organes secrétoires dans lesquels s'élaborent les fluides. Il faut bien supposer que les membranes ne sont pas impénétrables aux fluides, puisqu'elles se dilatent, se développent et changent de Nature; mais elles doivent nécessairement modifier les fluides, puisque ceux-ci, en les pénétrant, deviennent capables d'augmenter le tissu membraneux dans toutes ses dimensions : c'est donc dans les membranes qu'il convient de chercher les glandes végétales. On pourroit soupçonner, avec quelque apparence de vérité, que les bourrelets opaques et irréguliers, dont sont bordés les pores et les ouvertures des grands tubes, sont des corps glanduleux. Les filets des trachées, dont l'épaisseur surpasse de beaucoup celle des membranes, paroissent aussi remplir les mêmes fonctions; et ce qui donne à ces probabilités plus de poids, c'est de considérer que le mucilage, qui se transforme en tissu organisé, s'amasse toujours autour des petits et des grands tubes qui sont tous couverts de ces corps opaques (1).

---

(1) J'ai trouvé dans la tige du *myriophyllum* , sur les lames qui vont du centre à la circonférence , de petits corps verds , globuleux , charnus , tous couverts de pointes, comme les capsules du maronnier d'Inde. Je ne saurois dire quels sont leurs usages , ni pourquoi je n'ai encore trouvé rien d'analogue dans les autres végétaux que j'ai observés jusqu'à ce jour. Seroit-ce des glands d'un genre particulier? (Voyez mes Observations microscopiques, consignées dans le Journal de physique de messidor an 9.)

CHAPITRE VII.

Des pores.

LES pores sont de petites ouvertures pratiquées dans les membranes ; ils favorisent l'évaporation, l'absorption et le mouvement des fluides. Il y en a de trois espèces.

1°. *Les pores insensibles.* Ce sont des ouvertures que l'œil, armé des plus forts microscopes, ne peut apercevoir ; cependant les résultats ne permettent pas de douter de leur existence. Tout le tissu végétal en est criblé. Ce qui le prouve, c'est la transpiration insensible ; et ce qui démontre en même tems leur extrême finesse, c'est ce qui a lieu lorsqu'on met une pomme, ou un autre fruit charnu, dessous le récipient de la machine pneumatique : l'air très-dilaté ne s'échappe qu'en crevant la peau.

2°. *Les pores alongés.* Ils ont été observés par plusieurs naturalistes, et notamment par Decandolle, qui leur a donné le nom de *pores corticaux.* Je vais tâcher de completter sa description en réunissant sous le même point de vue ses observations et celles que

j'ai

j'ai faites depuis. La connoissance de la plupart des faits que je vais exposer est due à ses recherches ; mais, comme il a plus considéré ce sujet sous le rapport de la physique que sous celui de l'anatomie, son travail ne me dispense pas de publier le mien.

Les pores alongés n'existent que sur l'épiderme des parties herbacées exposées à l'air et à la lumière. Si l'on enlève avec adresse la membrane extérieure du végétal, et qu'on l'examine au microscope, on aperçoit les parois intérieures du tissu cellulaire, qui adhèrent encore à l'épiderme, et qui forment comme un réseau hexagone ; mais çà et là, au lieu d'un hexagone, on voit une ellipse, et la partie de l'épiderme, circonscrite par cette aire elliptique, est fendue longitudinalement. L'ouverture est quelquefois libre, quelquefois obstruée ; dans ce dernier cas, je crois que cela vient de ce que les lèvres du pore, plus longues qu'il ne seroit nécessaire, même pour fermer l'ouverture, s'appliquent l'une sur l'autre et interceptent la lumière. Les pores alongés se trouvent très-communcément sur les tiges, les branches, les feuilles, les bractées et les péricarpes herbacés. Dans les plantes herbacées, les deux surfaces des feuilles sont couvertes de pores; dans les plantes grasses, ils sont moins nombreux que dans les autres végétaux ; dans les arbres et les arbrisseaux, la surface inférieure seule en est ordinairement criblée. Les tiges devenues ligneuses n'en offrent plus. Ces pores servent à la transpiration sensible et insensible, et à l'absorption des fluides. Ils répondent chacun à une cellule qui, selon que l'air est plus humide que le tissu cellulaire, ou ce tissu plus humide que l'air, absorbe les fluides répandus dans l'atmosphère, ou rejette ceux que le végétal contient. Lorsque les parties se roidissent, et que les liqueurs contenues dans le végétal n'ont plus la même fluidité, ces cellules se remplissent de gomme et de résine épaissies, qui, ne pouvant ni s'échapper par les pores, ni rentrer dans la circulation générale, se durcissent totalement, et sont enfin rejetées au dehors quand l'état du végétal, ne permettant plus à l'épiderme de se dilater, le force à se déchirer.

3°. *Les pores glanduleux.* Ce sont des ouvertures bordées de bourrelets épais, opaques, inégaux. Ces pores servent à la marche et à la communication des fluides dans l'intérieur même du végétal. A la vé-

rité, on les observe quelquefois sur l'épiderme, mais ce cas est extrèmement rare.
Il y a deux espèces de pores glanduleux :
les petits et les grands. Les premiers sont
d'une petitesse prodigieuse; ils ne paroissent
aux plus forts microscopes que comme de
petits trous faits dans une feuille de papier
avec la pointe d'une aiguille. Quelquefois
ils sont épars et peu nombreux; d'autres
fois ils sont très-multipliés et disposés par
séries régulières, toujours dans la largeur
et jamais dans la longueur du tissu. Les
grands pores glanduleux ne sont qu'une
modification de ceux-ci; on pourroit même
présumer que la réunion des petits pores
d'une série en un seul produit ces grands
pores dont la direction est la même que
celle des séries. Il faut se rappeler ici ce
que j'ai dit précédemment des tubes poreux,
des fausses trachées, et même des trachées;
il y a des rapports très-marqués entre ces
différens tubes, et le plan de la Nature
n'est pas équivoque.

C H A P I T R E   V I I I.

De l'épiderme (1).

ON donne ce nom à la membrane extérieure formée par les dernières parois des cellules, ou, pour mieux dire, l'épiderme n'est que le terme du tissu cellulaire lui-même.

On feroit un livre très-volumineux si l'on vouloit rapporter ce que les auteurs ont dit sur cette membrane. Il n'est pas de partie dans l'organisation des plantes qui ait donné lieu à plus de recherches, ni peut-être qui ait prêté à plus d'erreurs. La première faute est de l'avoir comparée, sans restriction, à l'épiderme des animaux. Cette idée une fois adoptée, on a voulu que tout fût analogue. L'épiderme, a-t-on dit, existe dans tous les êtres organisés ; il recouvre l'embryon naissant et l'individu arrivé à la décrépitude ; il

(1) Ce chapitre a été entièrement refait depuis que j'ai lu ce travail à l'Institut. J'ai pensé que le sujet méritoit plus de développement que je n'en avois donné d'abord ; mais les principes que j'établis sont absolument les mêmes.

suit toutes les sinuosités du corps, pénètre
dans ses cavités, et protège les parties les
plus délicates : ainsi, on le voit dans les animaux, après avoir enveloppé toutes les parties extérieures, en y comprenant même le
globe de l'œil, se replier sur les lèvres,
pénétrer dans le canal intestinal, dans les
narines et dans le conduit auditif; et dans les
plantes, revêtir les tiges, les branches, les
feuilles, les fleurs et les fruits. L'épiderme,
ajoute-t-on, n'est pas semblable à lui-même
dans toutes les parties du même être; il est
tantôt d'une finesse extrême, et tantôt il
prend plus de consistance ; mais, dans tous
les cas, il est sans couleur et transparent.
S'il paroît blanc sur le tronc du bouleau,
et brun sur les jeunes branches, gris cendré
sur le prunier, roux et argenté sur le cerisier, verd sur les jeunes pousses de l'amandier
et du pêcher, et cendré sur les anciennes,
cette différence tient uniquement à la couleur des substances qu'il recouvre ; de même
que la couleur blanche, noire ou cuivrée du
blanc, du nègre ou du cafre dépend de la
couleur du corps muqueux. En suivant cette
comparaison, on croit apercevoir un nouveau point de similitude dans la dilatabilité

de l'épiderme des animaux et des plantes ; il se prête à tous les développemens, et s'étend à mesure que l'être croît ; il n'embrasse qu'une petite surface dans le fœtus animal, mais il se dilate insensiblement et recouvre une surface beaucoup plus grande dans l'animal arrivé à son dernier point de croissance. C'est ainsi que l'épiderme, qui recouvre les graines des plantes, se dilate et se prête à la croissance des fruits, et que celui qui revêt l'embryon se prête également à la croissance des arbres. On trouvera l'extension de cette membrane prodigieuse, si l'on considère ce qu'étoit la courge avant que sa fleur ne fût flétrie, et ce qu'étoit le chêne caché dans le gland. Mais de même qu'il est certains animaux dont l'épiderme ancien se détache et fait place à un autre au bout d'un certain tems, de même aussi certains végétaux se débarrassent de leur épiderme pour en prendre un nouveau. On observe que l'épiderme du tronc et des branches du platane se détache par plaques, comme celui des quadrupèdes ovipares.

Ces comparaisons, très-ingénieuses d'ailleurs, sont loin d'être exactes dans tous les points. On doit même dire qu'elles sont fondées sur des observations imparfaites. Pour

s'en convaincre, il suffit de réfléchir à la définition que nous avons donnée de l'épiderme
des végétaux. Cette membrane n'est que la
réunion extérieure des cellules de la circonférence, et elle ne diffère des membranes,
qui forment les autres parois, que par les
changemens que sa position occasionne. Si
elle est moins transparente, plus sèche et
plus ferme, c'est qu'elle est sans cesse exposée à l'influence de la lumière et de l'air,
et au contact de tous les corps qui nagent
dans l'atmosphère; mais ce n'est pas réelle-
ment une partie distincte, et l'on peut dire,
à la rigueur, que les végétaux n'ont point
d'organe analogue à l'épiderme des animaux.
Lorsque les végétaux grossissent, la membrane extérieure semble se dilater ; mais, si
cette membrane prend plus d'extension, c'est
que le nombre des cellules se multiplie à la
circonférence comme à l'extérieur, et que
par conséquent les parois qui la composent
se multiplient à proportion, et augmentent
sa capacité.

Il reste une objection à combattre. Pourquoi, dira-t-on, est-il si facile dans le
printems de détacher l'épiderme des jeunes
branches, si en effet il ne forme pas un

organe distinct ? Voici comme cela s'explique : Toutes les causes qui agissent extérieurement sur le végétal, altèrent sa surface, la désorganisent, et la détachent peu à peu des parties intérieures ; mais cette séparation devient plus apparente quand la végétation est plus vigoureuse, et que les fluides imbibent le tissu cellulaire, et remplissent les tubes ; car alors la superficie désorganisée, ne pouvant se développer avec les autres parties, cesse d'y adhérer, et souvent même s'enlève par morceaux ou se détruit insensiblement ; c'est ce qui a lieu au printems.

Au reste, cette lame extérieure que tant de causes contribuent à détruire, et sur laquelle on aperçoit presque toujours les traces de la désorganisation, n'est pas composée seulement de la dernière membrane : on y trouve quelquefois la partie interne du tissu cellulaire, comme cela est évident dans le platane, et plus encore dans le chêne qui produit le liège.

Tout ce que je viens de dire ne s'applique qu'aux tiges et aux branches qui ne meurent pas dans l'année ; car, dans les herbes et dans les parties annuelles des plantes ligneuses, telles que les feuilles, les fleurs, etc., la superficie ne se détache jamais du reste du tissu.

Mais, quoique l'épiderme des végétaux ne ressemble pas à celui des animaux, et qu'il soit formé certainement par la partie extérieure du tissu cellulaire, il n'est pas moins vrai que des causes secondaires modifient sa nature, et qu'il devient par le fait un organe dont les fonctions sont très-distinctes et très-importantes. Dans l'enfance du végétal, lorsque toutes les parties sont molles et mucilagineuses, il s'oppose à la fois à la désunion des organes naissans et à l'action trop forte des fluides ; dans un âge plus avancé, lorsque les sucs sont moins abondans, il empèche leur évaporation trop prompte, et maintient un juste équilibre entre les solides et les fluides ; dans tous les tems il garantit le végétal de l'influence délétère des météores, et le met à l'abri de la chaleur et du froid excessifs, de l'humidité et de la sécheresse ; en un mot, il le protège contre toutes les causes extérieures qui pouvoient lui nuire. Il sert encore à la transpiration sensible et insensible et à l'absorption des gaz et des fluides répandus dans l'atmosphère ; c'est

pour cela qu'il est souvent criblé de pores
très-visibles : je dis souvent, parce qu'en
effet ce n'est pas une loi générale, et l'épiderme des fruits charnus ou pulpeux, par
exemple, n'a point de pores apparens : aussi
dois-je ajouter que ces fruits transpirent
très-peu, comme Hales l'a démontré dans
sa Statique des végétaux.

CHAPITRE IX.

DE

LA SUBSTANCE ORGANISATRICE,

ou *CAMBIUM* DE DUHAMEL.

Hypothèse sur la formation et le développement du tissu cellulaire et du tissu tubulaire.

Toutes les parties du végétal ont été d'abord mucilagineuses et fluides, et ce n'est que par succession des tems que le tissu est devenu ferme et solide. Cet état de foiblesse est visible dans la graine. L'embryon n'est dans l'origine qu'une goutte de mucilage, où les plus forts microscopes ne font discerner aucune organisation. Cette substance a un coup d'œil vitré. Le contact de l'air et de la lumière la dessèche et la détruit promptement; ce n'est point, à proprement parler, un fluide, c'est une substance organisée semblable, par l'apparence, à la glaire de l'œuf. La substance organisatrice se forme durant tout le tems de l'accroissement; elle se dépose dans l'endroit du tissu où le végétal doit prendre plus de vigueur. Dans les monocotyledones, c'est autour de chaque filet ligneux ; dans les dicotyledones, c'est à la superficie de l'aubier et du canal médullaire : aussi voyons - nous chaque jour les filets ligneux des monocotyledones prendre plus de volume, les couches concentriques des dicotyledones se multiplier, et leur moëlle se changer en bois. La substance organisatrice est d'autant plus abondante et se renouvelle avec d'autant plus de facilité, que l'individu est plus jeune et plus sain, qu'il est dans une situation plus favorable, et que la saison convient mieux à la végétation. Insensiblement cette substance prend des formes déterminées. Soit que les fluides y développent par leur impulsion les cellules et les tubes ; soit qu'une puissance inconnue y agisse seule et y détermine ces développemens ; soit, comme il est probable, que ces deux causes réunies et combinées agissent de concert, pour changer en tissu membraneux la substance organisatrice, il est certain que le végétal acquiert un volume plus considérable, qu'il s'alonge et s'épaissit de jour en jour. Pour expliquer les deux phénomènes de l'épaississement et de l'alongement

dont l'action est simultanée, il faut reconnoître que la force d'expansion, existante
dans le tissu membraneux nouvellement
créé, est modifiée par la nature même de
ce tissu. Il est, comme nous l'avons vu
précédemment, composé de deux élémens
organiques; l'un est le tissu cellulaire formé
de cellules dont le diamètre est à peu près
égal dans tous les sens; l'autre est le tissu
tubulaire formé de petits et de grands tubes
contigus les uns aux autres. Supposons un
moment que les fluides aspirés par le végétal soient la cause de cette dissemblance
dans le tissu : nous le pouvons d'autant plus
que ce système n'est pas dénué de probabilité. Que ce soit, si l'on veut, l'embryon
qui nous serve d'exemple. Prenons la graine
avant la fécondation : elle est attachée à
la plante-mère par le cordon ombilical, et
la cavité intérieure que forme la membrane
externe est remplie de la substance organisatrice, dans laquelle il n'est pas encore
possible de reconnoître les traces de l'organisation. Mais, après la fécondation, tout
change : les fluides, aspirés par le végétal,
pénètrent jusqu'au cordon ombilical, dont,
sans aucun doute, l'organisation varie suivant les espèces. A la faveur des vaisseaux

qui unissent cet organe à la graine, les fluides pénètrent dans la substance organisatrice, et leur impulsion étant déterminée par les canaux qui leur livrent passage, ils tracent dès-lors la route que suivront désormais les fluides, et déterminent l'ordre des développemens à venir. Poussés avec vigueur sur différens points, qui varient suivant les espèces, ils ouvrent les tubes longitudinaux ; et filtrés ensuite lentement à travers leurs parois, ils se déposent dans la substance organisatrice et favorisent le développement des cellules. Dans le premier cas, les fluides sont poussés par la force qui fait mouvoir la sève ; dans le second cas, ils ne s'épanchent et ne pénètrent la substance organisatrice que parce qu'ils tendent à prendre l'équilibre. Ces deux forces balancées l'une par l'autre produisent une multitude de nuances intermédiaires entre les tubes longitudinaux et le tissu cellulaire parfait. Mais cette théorie est encore loin d'expliquer les phénomènes de l'organisation végétale. Sans doute il existe mille autres causes physiques dont nous ne pouvons calculer l'influence, et, par dessus toutes ces causes, il faut placer la puissance organisatrice dont *le* principe nous est totalement inconnu.

Quoi qu'il en soit, les cellules et les tubes, étant une fois formés, croissent jusqu'à ce que l'épaississement et l'endurcissement des membranes mettent un obstacle à leur développement. Durant la croissance du tissu membraneux, les fluides, portés dans les tubes par plusieurs forces combinées, déterminent la direction de l'alongement par l'impulsion qu'ils donnent aux molécules organiques. Mais les cellules ne se laissant pénétrer que lentement par les fluides, et n'étant soumises à aucune force qui détermine leur développement dans un sens plutôt que dans un autre, croissent et se dilatent dans tous les sens. Il suivroit de là, si toutefois les cellules croissoient en nombre égal aux tubes, que les cellules serviroient plus à l'épaississement du végétal qu'à son alongement, et que l'inverse auroit lieu pour les tubes; mais quand ceux-ci viennent à se multiplier, leur nombre compense le peu d'épaisseur de chacun d'eux, et alors ils ne contribuent pas moins que les cellules à l'épaississement très-sensible des végétaux. Il y a plus, la masse des tubes augmente sans cesse dans les arbres, et les cellules ne se multiplient point dans la même proportion; enfin plusieurs causes, que je dévelop-

perai dans la suite, contribuent à les désorganiser, et même à les transformer en tubes;
en sorte qu'au bout d'un certain tems, la
masse de ceux-ci l'emporte de beaucoup
sur la masse des cellules (1).

(1) Nous ne croyons pas indifférent de consigner ici
le sentiment de Jussieu et de Desfontaines, commis-
saires chargés par l'Institut d'examiner ce travail
qui a eu l'approbation de la classe.

« Le Mémoire de Mirbel présente une suite d'observations intéressantes sur l'organisation des plantes,
qu'il ramène à des principes plus clairs, simples et
exposés avec méthode et précision. On y trouve plusieurs faits nouveaux sur le tissu cellulaire et vasculaire; il prouve que les grands et petits tubes, ceux
qui sont poreux, ainsi que les fausses trachées et les
trachées, ne sont qu'un seul et même système de
vaisseaux différemment modifiés. La découverte des
tubes poreux et des fausses trachées lui appartient
toute entière. Ces recherches ont exigé de la patience
et de la sagacité. On peut, d'après les faits établis dans
le Mémoire, se rendre compte de la belle observation
de Coulomb sur l'ascension de la sève par les couches
ligneuses voisines de la moëlle, puisque c'est là que les
grands tubes et les trachées se trouvent réunis en plus
grande quantité.

» L'auteur a joint à son Mémoire un tableau repré-
sentant les divers organes des plantes dont il a parlé.
Ce tableau exécuté sur ses esquisses, par Sauvage,
jeune artiste très-distingué, ne laisse rien à desirer.

Nous

Nous avons vérifié avec soin, sur un grand nombre de plantes, les faits énoncés dans le Mémoire, et ils nous ont paru de la plus grande exactitude. Nous croyons que la Classe doit engager Mirbel à suivre son travail, et que son Mémoire mérite d'être imprimé parmi ceux des savans étrangers ».

LIVRE SECOND.

Des fluides et autres substances contenues et élaborées dans le végétal.

CHAPITRE PREMIER.

De la sève.

LA sève est un fluide transparent, sans couleur, sans odeur et presque sans saveur; elle remplit, au printems, les tubes qui forment le bois des végétaux, et reflue même quelquefois dans le tissu cellulaire de l'écorce et de la moëlle. Elle existe à toutes les époques de l'année; mais elle est beaucoup moins abondante en hyver que dans la saison de la végétation. L'analyse chimique prouve que ce fluide diffère autant qu'il y a d'espèces de végétaux, et même qu'il diffère dans la même espèce, suivant les époques de l'année, l'âge et l'exposition des individus; mais en général ces différences sont plutôt dans la quantité proportionnelle des élémens qui composent la sève, que dans la nature de ces mêmes élémens.

CHAPITRE II.

Des sucs propres.

Les sucs propres sont d'une couleur verte dans la pervenche ; blanche dans le tithymale, la laitue, etc. ; jaune dans la chelidoine, etc. ; rouge dans le campêche, etc. Ces sucs sont mucilagineux dans le cerisier, le prunier ; résineux dans les pins : leur saveur est caustique dans les plantes laiteuses.

Il y a des plantes qui ont les mêmes sucs dans toutes leurs parties, comme la ciguë ; d'autres ont des sucs particuliers qui ne se montrent que dans leurs fruits, comme la pimprenelle. L'écorce, les fleurs, les baies et les graines du sureau ont des sucs différens ; le suc de la berce, *heracleum sphondylium*, est jaune dans la racine et blanc dans la tige. La plupart de ces sucs se coagulent hors des vaisseaux qui les contiennent ; ils changent aussi très - souvent de couleur : ainsi, les sucs blancs du pavot et de la laitue jaunissent à l'air. Les vertus des plantes dépendent de la nature de leurs sucs propres. La liqueur blanche du pavot est narcotique ; la térébenthine du sapin est diurétique ; la résine du jalap est purgative.

Ces sucs sont renfermés dans des vaisseaux assez grands, placés en général dans l'écorce ou dans son voisinage ; ils coulent pendant la chaleur, et s'arrêtent quand l'air se refroidit ; ils se produisent dans les tems chauds, parce qu'alors la sève est plus abondante et fournit en plus grande quantité les élémens qui les composent.

La nature particulière de ces sucs est le résultat de l'organisation des plantes qui les produisent.

CHAPITRE III.

Des huiles.

LES huiles sont des espèces de sucs propres qu'on trouve dans quelques végétaux. L'onctuosité, une fluidité plus ou moins grande, l'insolubilité dans l'eau, la combustion avec flamme, la volatilité à divers dégrés de chaleur sont leurs propriétés principales. Toutes les plantes contiennent plus ou moins de parties huileuses ou d'élémens propres à les former. Les sels essentiels, les mucilages, les gommes, les résines en fournissent par la distillation ; mais l'huile se trouve quelquefois à nu dans le tissu des plantes. On divise les huiles végétales en grasses et en essentielles.

Les huiles grasses ne sont pas si répandues que les huiles essentielles ; on ne les trouve guère que dans les graines, particulièrement dans les cotyledons. La saveur de ces huiles est douce ; elles sont onctueuses, sans odeur, et elles ne peuvent bouillir que lorsque le dégré de chaleur est plus considérable que celui qui est nécessaire pour l'ébullition de l'eau ; elles ne s'allument que lorsqu'elles sont mises en contact avec la flamme, et sont phosphorescentes quand elles sont échauffées. On les retire des végétaux par expression.

Quoique les huiles grasses aient de grands rapports entre elles, elles diffèrent par la proportion des élémens qui les composent ou par leur combinaison. On peut en juger par la durée de leur combustion. Une quantité donnée d'huile d'*onopordon acanthium* brûle un tiers plus long-tems que la même quantité d'huile de lin ; l'huile de pavot a le même avantage sur l'huile d'olives.

Les huiles essentielles diffèrent des huiles grasses par leur fluidité, leur vaporabilité, leur goût pénétrant, leur odeur qui est celle de la plante qui les a formées, leur dissolubilité dans l'esprit de vin, et leur inflammabilité prompte et facile. On obtient les huiles essentielles par expression, mais mieux encore par distillation.

Les racines, les bois, les écorces, les feuilles, les fleurs, les calices, les fruits, leurs enveloppes, leurs graines fournissent des huiles essentielles.

Ces huiles diffèrent entre elles par leur saveur, leur odeur, leur couleur, leur fluidité, leur pesanteur : en général, leur goût est âcre, leur odeur pénétrante, leur couleur blanche tirant sur le doré ; cependant, l'huile de camomille est bleue, celle d'absynthe est verte. Quoique ces huiles soient bien enfermées, elles jaunissent en vieillissant; quelques-unes se soutiennent à la surface de l'eau ; d'autres sur l'esprit de vin ; d'autres sont spécifiquement plus pesantes que ces deux fluides, et gagnent le fond.

Ces huiles se retirent par une distillation faite à une chaleur douce ; on leur rend l'odeur et la fluidité qu'elles perdent, en les distillant seules pour concentrer dans un volume plus petit le fluide aromatique qui les rend fluides, ou avec d'autres plantes fraîches pour leur rendre ce principe qui leur manque, et qu'elles peuvent reprendre en l'enlevant aux corps qui en sont pourvus.

Il n'est pas inutile d'ajouter que les plantes doivent aux résines et aux huiles leurs propriétés de résister au froid, parce que ces substances sont de mauvais conducteurs de la chaleur, sans doute à cause du carbone qu'elles contiennent.

CHAPITRE IV.

De l'arome ou du fluide aromatique.

L'AROME est un principe ou un composé subtil et volatil, qui s'exhale des végétaux et ne peut être distingué que par l'odorat ; il paroît être combiné avec le mucilage qui le rend plus ou moins soluble dans l'eau. On le trouve toujours dans les huiles essentielles qui ont l'odeur de la plante ; les végétaux, qui ont l'odeur la plus forte, sont aussi les plus abondans en huile, et cette huile est alors plus fluide ; elle perd sa fluidité en perdant son arome, mais on peut lui rendre l'un et l'autre comme on l'a vu plus haut. Les plantes inodores ne donnent que peu ou point d'huile essentielle, ce qui, à la vérité, ne fait pas connoître la nature de l'arome, mais prouve que les huiles essentielles peuvent la dissoudre.

On peut croire qu'il y a autant d'aromes que d'espèces de plantes différentes, puisqu'elles ont chacune leur odeur et que l'arome paroît être un produit de l'organi-

sation ; il diffère aussi dans les mêmes espèces, suivant les circonstances. Il y a des
végétaux qui n'ont d'odeur sensible que dans
le tems de leur floraison. Cependant l'arome,
qu'on obtient des plantes dont l'odeur est
la moins sensible, en a une qui les caractérise ; on reconnoît même dans la plumule
celle des plantes aromatiques.

On pourroit distinguer, avec Nicholson,
deux genres d'aromes : ceux qui ont une
odeur vive et piquante, qui n'affecte point
les nerfs, comme les plantes crucifères par
exemple ; ces aromes lui paroissent plus salins que huileux : et ceux qui ont une odeur
douce, nauséeuse ou forte sans piquant, qui
affectent le cerveau. Telles sont les plantes
narcotiques, aromatiques et le camphre ; ces
aromes sont plus huileux que salins.

Fourcroy pense que le principe des odeurs
est dans chaque espèce de plantes un liquide
aqueux ou alkoolique, chargé d'une plus
ou moins grande quantité d'un ou plusieurs
principes immédiats des végétaux, et qui,
portés par l'air sur les nerfs olfactifs, y font
naître par leur action la sensation de l'odeur.

CHAPITRE V.

Du principe narcotique.

QUELQUES plantes ont la propriété d'assoupir les sens et de procurer le sommeil, comme le suc du pavot, les feuilles du *prunus lauro-cerasus*, l'*atropa belladonna*, le *datura stramonium*, l'*hyosciamus niger*, etc. Ce principe est particulier aux végétaux, ou plutôt à quelques espèces de végétaux. Il est d'une nature volatile; on peut le fixer, par son mélange, avec d'autres corps, ou l'enlever par le moyen de la chaleur; l'eau et les liqueurs spiritueuses s'en chargent et en conservent les propriétés. Les acides ne les détruisent pas, mais Fontana nous apprend que les alkalis l'altèrent dans le *prunus lauro-cerasus*.

CHAPITRE VI.

De la gomme.

On trouve plus communément des sucs gommeux dans les plantes, que la gomme elle-même qui ne se forme que lorsque les sucs ont été extravasés. La gomme est un mucilage privé de l'eau qui le rendoit fluide : aussi redevient-elle mucilagineuse lorsqu'on l'humecte. Les sucs gommeux existent dans toutes les plantes et dans toutes leurs parties, mais sur-tout au printems ; ils ont plus de consistance dans les plantes âgées. La gomme paroît souvent sous forme concrète sur les fruits à noyau qui viennent à se fendre ; elle est très-belle sur les prunes et les poires. Les racines de guimauve, de grande consoude, l'écorce d'ormeau, les graines de lin, de courge donnent des fluides visqueux par la macération ; ils deviennent une vraie gomme par l'évaporation ; souvent cette substance est mêlée avec d'autres, comme dans les sucs de figuier et du tithymale. La gomme est soluble dans un grand nombre de fluides ; on la trouve dans les huiles et les matières sucrées; mais ses propriétés y sont peu altérées. Il y en a qui se dissolvent entièrement dans l'eau, comme la gomme arabique ; d'autres , seulement en partie , comme la gomme ammoniaque ; mais la gomme, proprement dite, est identique dans tous les végétaux, et les différences qu'on y observe sont toujours dues à des mélanges.

La gomme n'est pas la sève pure retirée de la terre par les végétaux ; c'est un suc élaboré qui souvent passe à l'état de résine par suite d'une nouvelle élaboration. Les mucilages formés dans les plantes contiennent beaucoup d'eau, comme on l'observe dans les plaies de quelques plantes et surtout dans celles des cerisiers et des abricotiers. Cette extravasion, quelquefois naturelle, est funeste à certains arbres qu'elle prive de leur nourriture. On voit sur-tout cette gomme sur les bourrelets et les greffes; les sucs, qui abondent dans ces parties, font éclater l'écorce et sortent par la porte qu'ils s'ouvrent : ils s'échappent toujours de la partie supérieure des bourrelets ou des plaies annulaires, ce qui semble prouver qu'ils forment la sève descendante. On trouve beaucoup de gomme sur les vieux arbres, parce

que leurs vaisseaux s'obstruent ; on a observé que les arbres à fruits à noyau donnent d'autant plus de gomme qu'ils doivent
produire moins de bois et plus de fruits.

La gomme se dissout dans l'eau ; cette
dissolution est transparente, sans odeur et
sans goût ; elle ne se fond pas par la chaleur
et se fend par le froid. La gomme résiste
long-tems à la fermentation qui la décompose ; le sucre accélère cette fermentation,
et la gomme passe à l'état acide.

Cette substance ne s'enflamme qu'après
avoir été long-tems tenue au feu ; elle donne
alors beaucoup de charbon.

CHAPITRE VII.

Des résines.

Les résines sont des matières sèches, inflammables, dissolubles dans les huiles et l'esprit de vin, indissolubles dans l'eau, découlant souvent des arbres sous une forme fluide ; elles deviennent concrètes par l'évaporation et par une nouvelle union avec l'oxigène. On doit comprendre dans le nombre des résines la térébenthine, la poix, le mastic, les baumes qui ont dans leur état fluide les propriétés des résines dans leur état solide. Schrank observe que les plantes amères sont les plus résineuses. Les résines se trouvent dans les sucs propres ; on en a la preuve quand on les fait évaporer. La résine est une substance fondamentale des végétaux ; elle existe dans la plantule, dans les plantes étiolées et dans le fluide séveux de la vigne ; elle est souvent plus ou moins mêlée avec la plupart des sucs des plantes.

CHAPITRE VIII.

Des gommes résines.

LES gommes résines sont un mélange de deux substances ; on les reconnoît à leur opacité et à leur dissolubilité dans l'eau et dans l'esprit de vin, parce qu'il y a toujours une des deux substances qui n'est pas dissoute. Les gommes résines varient par les proportions de la gomme, de la résine et de l'huile qu'elles contiennent. On compte parmi les gommes résines l'oliban, le galbauum, la scamonée, la gomme gutte, l'euphorbe, l'assafætida, l'aloès, la myrrhe, la gomme ammoniaque et la gomme élastique.

CHAPITRE IX.

De la poussière glauque ou fleurs des feuilles et des fruits.

LA poussière glauque recouvre l'épiderme des feuilles ou des fruits de certaines espèces de végétaux. Elle paroît sur les prunes et les feuilles des choux par la nuance blanchâtre qu'elle leur donne. On l'enlève en frottant légèrement l'épiderme des fruits et des feuilles. Cette poussière se forme au soleil comme à l'ombre; observée à la loupe, elle paroît être composée de corpuscules opaques, d'un blanc mat, assez semblables à de la farine; observée au microscope, elle paroît transparente : elle est répandue sur l'épiderme comme des grains de gomme, et sa forme varie suivant les espèces. Cette poussière enlevée se reproduit, mais lentement; elle ne se dissout pas dans l'eau; aussi les pluies, la rosée et les brouillards ne l'enlèvent-ils pas; elle se dissout dans l'esprit de vin, ce qui doit faire soupçonner que c'est une substance résineuse.

CHAPITRE

CHAPITRE X.

Des fécules.

1°. Des fécules blanches.

On obtient la fécule blanche des végétaux en pilant et réduisant en pulpe les parties dont on veut l'extraire ; on y ajoute de l'eau pour en séparer le tissu membraneux et en enlever la matière pulvérulente. L'eau qu'on exprime de ces végétaux pilés est blanche ; il se forme par le repos un dépôt flocconeux, fibreux ou pulvérulent : c'est la fécule. Toutes les parties des végétaux fournissent cette fécule en plus ou moins grande quantité ; mais elle abonde sur-tout dans les graines, et il y en a davantage dans les graines céréales et les légumineuses, de même que dans les racines tubéreuses et charnues.

La fécule n'est point une substance homogène ; elle paroît composée de trois élémens distincts, dont la proportion varie dans les différentes espèces de végétaux. La fécule du blé, qui est la mieux connue, contient l'amidon ; cette substance, sèche, blanche et sans saveur, n'éprouve par elle-même aucune fermentation ; elle sert peut-être à ralentir la fermentation des autres composans. Le second composant est le gluten, substance molle, élastique, inodore, ductile, fade, s'attachant aux corps secs, se desséchant, se gonflant, se fendillant par la chaleur, se pourrissant comme les matières animales, se ramollissant dans l'eau froide, mais perdant dans l'eau bouillante sa mollesse et son élasticité. Il est probable que le gluten n'existe pas seulement dans la graine du blé, mais dans beaucoup d'autres graines où il est plus apparent. Le troisième composant est une matière douce et poissante, unie à l'amidon qu'elle rend dissoluble dans l'eau froide ; cette matière paroît de la nature des substances sucrées ; elle est susceptible de fermentation spiritueuse.

2°. Des fécules colorantes.

Les fécules colorantes sont moins connues que les blanches ; Macquer a remarqué de grandes différences dans ces fécules, qu'il a classées suivant leurs propriétés ; il a vu qu'un grand nombre de parties colorantes végétales étoient solubles dans l'eau, comme la garance, quoique le fond de la couleur fût résineux ; d'autres sont résino-terreuses, comme celles du brou de noix ; elles sont composées de résines et d'extraits. La résine dissoute dans l'eau chaude se précipite en se refroidissant. Enfin, il y a des fécules purement résineuses, insolubles dans l'eau, et solubles presque en totalité dans l'esprit de vin. Toutes ces substances se dissolvent dans les alkalis, qui les mettent dans un état extractif.

LIVRE TROISIÈME.

Des organes utiles au développement et à la conservation des individus. Des fonctions de ces organes.

CHAPITRE PREMIER.

De la graine et de la germination.

INTRODUCTION.

L A vie de tout être organisé a un terme plus ou moins rapproché de l'époque de sa naissance ; ce terme est la mort. Cependant les espèces ne s'éteignent point, et malgré la destruction des individus, le monde conserve sa splendeur. S'il en est ainsi, c'est que les races sont perpétuellement rajeunies. Par une loi constante de la Nature, la vie se transmet d'une génération à l'autre sans s'affoiblir ; elle se manifeste par des effets aussi évidens que leur principe est caché ; elle disparoît dans les êtres lorsqu'une cause quelconque altère ou détruit les formes organiques qui lui servoient de soutien, et reparoît sous de nouvelles formes quand les élémens reçoivent une nouvelle organisation. Sans doute la vie n'est point une substance particulière ; elle est une propriété de la matière organisée : elle varie, par conséquent, dans ses résultats autant que l'organisation elle-même. Nous ne pouvons expliquer ce que c'est que la pesanteur, l'impénétrabilité et les autres propriétés de la matière, parce que des propriétés n'ont aucune des dimensions par lesquelles nous puissions saisir les objets, et, par cette raison-là même, nous ne saurions définir la vie. Il ne s'agit donc point ici de rechercher la cause qu'il ne nous est pas donné de connoître, mais la forme et les effets, qui sont des choses matérielles et sensibles.

La vie ne se communique que par les êtres organisés ; ils ont la faculté de produire des êtres semblables à eux ; c'est cette faculté qui, agissant sur eux-mêmes, les développe, les fortifie, augmente leur volume ; mais tout corps composé est, par sa nature, altérable et sujet au changement : la mort des individus est donc la suite et une conséquence nécessaire de la vie, et la reproduction des espèces une loi qui leur est imposée par la

Nature. Les quadrupèdes donnent naissance à des animaux tout formés ; les poissons, les reptiles, les oiseaux, etc. produisent au jour des œufs où sont enfermés les fœtus ; les plantes portent des graines qui n'attendent, comme les œufs, qu'une circonstance favorable pour se développer.

ARTICLE PREMIER.

Organisation interne et externe des graines dans les plantes monocotyledones et dicotyledones. Discussion sur la nature des cotyledons.

Les graines parfaites sont formées d'une ou plusieurs enveloppes extérieures recouvrant l'embryon, accompagné de l'albumen, première nourriture de la jeune plante. Elles existent avant la fécondation ; mais ce n'est que par elle qu'elles se développent et acquièrent la faculté de germer. On remarque à la superficie des graines l'ombilic extérieur, petite cicatrice qui indique le point par lequel la plante mère nourrissoit l'embryon ; souvent cet ombilic coïncide à l'ombilic interne ; mais il arrive quelquefois que le cordon ombilical, après avoir percé la première enveloppe, s'alonge et va former, du côté opposé, l'ombilic interne sous la forme d'une aréole colorée ou d'un tubercule calleux, auquel on a donné le nom de *chalaza*, parce qu'il remplit les mêmes fonctions que cet organe dans l'œuf des oiseaux.

La première enveloppe de la graine est le *testa*; ce tégument, que l'on peut comparer à l'enveloppe crustacée de l'œuf, a la forme d'un petit sac ouvert seulement à l'endroit de l'ombilic; il varie par sa couleur, sa solidité, sa superficie, ses parties accessoires; quelquefois il reste enveloppé dans le péricarpe qui se dessèche sur lui; plus souvent il est nu. Quoique privé de lumière dans le fruit, il n'est pas rare qu'il soit peint des plus vives couleurs; d'ordinaire il est membraneux; sa superficie est lisse, ou raboteuse, ou cotoneuse, ou soyeuse, ou velue, et même elle est quelquefois armée de pointes, d'épines, de hameçons, ou munie d'ailes, de chevelures, d'aigrettes, etc. etc. Dans beaucoup d'espèces, et notamment dans les espèces monocotyledones, ce tégument adhère si fortement aux parties internes de la graine qu'on a peine à l'en séparer, et qu'on seroit tenté de croire qu'il n'existe pas, si l'observation de la graine, avant sa maturité, ne le faisoit apercevoir. On peut avancer, comme une chose certaine, que le testa ne contient jamais qu'un embryon. Le calebassier, le guy, l'oranger, qui semblent fournir des exemples du contraire, ne peuvent être considérés comme des exceptions; car il est évident que la pluralité d'embryons, sous une seule enveloppe, n'est occasionnée alors que par une espèce de greffe opérée dans le fruit.

La membrane interne est placée dessous le testa, et recouvre immédiatement l'embryon et l'albumen; souvent même on ne peut l'en détacher. Ce tégument est un sac membraneux et cellulaire, auquel on ne reconnoît aucune ouverture; il communique cependant avec le testa par les prolongemens du cordon ombilical, composé de vaisseaux alongés, qui, se ramifiant dans la membrane interne, pénètrent ainsi jusqu'à l'embryon.

Outre ces enveloppes, certaines graines ont un arille, tégument extérieur qui ne les recouvre qu'imparfaitement. L'arille est formé par une dilatation du cordon ombilical; il varie beaucoup par sa forme.

La plantule et son albumen sont cachés dans les tégumens dont ils remplissent toute la cavité. En écartant ces langes, sous lesquelles la sage Nature a mis à couvert la première enfance de la plante, on peut observer ses différentes parties et leur situation. La radicule, premier indice de la racine, se présente sous la forme d'un petit cône saillant. Les cotyledons ou lobes séminaux la couronnent. Ce sont deux feuilles charnues, souvent appliquées l'une contre l'autre, très-grandes relativement à la grandeur de la plantule. En les entr'ouvrant, on aperçoit la plumule placée à leur base; c'est l'origine de la tige; elle est continue avec la radicule, et laisse voir à son sommet deux ou trois feuilles très-petites; ce sont les feuilles primordiales. On verra par la suite qu'elles ont souvent une autre forme que les autres.

L'albumen, cette nourriture délicate préparée pour la première enfance de la plante, n'est pas toujours apparent, bien qu'il existe toujours; c'est une substance concrète, oléagineuse ou farineuse : tantôt elle remplit les poches d'un tissu cellulaire; placée à la superficie de la plantule, elle est fort apparente, et les cotyledons sont très-minces; tantôt elle remplit le tissu des cotyledons eux-mêmes, et elle n'est point visible; mais les cotyledons, gonflés par cette substance étrangère, sont très-épais. Il y a donc deux espèces d'albumen : l'un est extérieur et l'autre intérieur.

La situation de la plantule dans la graine varie à l'infini ; elle est droite, courbée, arquée, roulée en spirale ; elle est verticale, renversée ou placée en diagonale relativement à l'ombilic.

Cette description des parties de la graine n'est applicable qu'aux plantes dicotyledones. Voyons maintenant en quoi la graine des monocotyledones en diffère. Tout ce que nous avons dit relativement aux enveloppes, à l'albumen et à la radicule, est commun à ces deux grandes classes ; mais les graines monocotyledones n'ont qu'un lobe séminal, comme l'indique leur nom, et ce cotyledon ne ressemble point du tout par sa forme à ceux que nous venons de décrire. Pour prendre une juste idée des traits qui les différencient, considérons d'abord la nature et l'origine des cotyledons. Ce sont de véritables feuilles ; mais, renfermées dans des enveloppes étroites et privées de la lumière, elles ont été gênées dans leur développement, et quelles que soient les circonstances où elles se trouveront désormais, elles ne prendront jamais la forme des autres

feuilles. Cependant elles ne sont pas tellement défigurées qu'on ne puisse quelquefois
y reconnoître des traces de leur primitive nature; ainsi, quand l'albumen est extérieur, les
cotyledons sont minces, foliacés et marqués
de nervures analogues à celles des feuilles;
en se présentant à la lumière, ils verdissent et
transpirent comme elles; dans les mourons,
anagallis, ils sont ponctués à leur surface
inférieure de taches d'un brun rouge, de
même que les feuilles; dans la sensitive, ils
sont irritables absolument comme les folioles;
dans quelques plantes à feuilles articulées,
ils paroissent également articulés; dans les
persicaires et autres plantes analogues, ils
forment à leur base une gaîne membraneuse,
de même que les pétioles; dans tous les végétaux à feuilles opposées, ils forment la
croix avec les premières feuilles développées
selon l'ordre habituel des feuilles opposées
deux à deux, et placées les unes au dessus
des autres. Il est vrai que les cotyledons sont
toujours opposés, quoique souvent les feuilles
soient alternes; mais il faut faire attention
que la tige n'existant pas encore, ils doivent
partir du même point au sommet de la radicule : ainsi tout concourt à prouver que
les cotyledons sont des feuilles, et ce qui me

reste à dire achèvera de lever les doutes s'il en restoit encore.

C'est un fait connu, que, dans la plupart des monocotyledones, les feuilles forment des gaînes complettes autour de la tige; que toutes les parties sont d'abord enfermées dans ces gaînes : et, quand il arrive que les feuilles ne sont pas engaînantes, on trouve à la base des tiges, vers la racine, des gaînes membraneuses qui ne sont que des feuilles imparfaites; et telle est enfin la forme du cotyledon, puisqu'il environne exactement la plumule qui s'y cache comme dans un étui ; mais cette organisation ne se rencontre jamais dans les dicotyledones. On voit donc les rapports des lobes séminaux, avec la forme et la disposition des feuilles, dans les deux classes principales du règne végétal, et l'on juge comment il se fait que l'une offre constamment deux cotyledons, tandis que l'autre n'en offre jamais qu'un. Cette différence est la plus remarquable que l'œil puisse saisir dans la graine; elle en indique de non moins essentielles dans l'organisation intérieure, et fournit le premier caractère qui serve de base à la division des végétaux. Ceci nous conduit à une considération très-importante; c'est que toutes les plantes qui sont essentiellement privées de feuilles, ne sauroient avoir de cotyledon. Ainsi, les champignons, les lichens, etc., n'ont point de cotyledon; mais les plantes, telles que les mousses et les fougères qui ont des feuilles, doivent en avoir un, quoique la petitesse de leur graine ne nous permette pas de le distinguer. Ce raisonnement est confirmé par la germination, comme nous le verrons bientôt. Les plantes, dont les lobes séminaux sont visibles dans la graine, ont des fleurs, et par conséquent des organes mâles et femelles : il n'est pas également démontré que ces organes existent dans les végétaux dont on n'aperçoit point d'abord les cotyledons.

· La plantule est blanchâtre tant qu'elle reste enfermée dans les enveloppes; ce n'est qu'en recevant les traits de la lumière que quelques-unes de ses parties se colorent; elle est presque en totalité composée de tissu cellulaire : cependant la liaison des différens organes a lieu par un faisceau de trachées, de fausses trachées, et de tubes poreux partant de la base de la radicule, et se prolongeant par son centre jusqu'à l'endroit où elle se divise. Là le faisceau se divise aussi ; une partie pénètre dans la plumule et forme les nervures délicates qui se montrent à la surface des petites feuilles ; le reste du faisceau s'incline sur les côtés et présente un ou deux troncs principaux, suivant que la plantule a un ou deux cotyledons. On nomme ces derniers tubes vaisseaux *mammaires*, parce qu'en effet ils appartiennent à des organes que l'on considère avec raison comme les mamelles des végétaux. On peut aussi les comparer aux filets vasculaires qui partent du fœtus du poulet, et se répandent dans le vitellus et l'albumen de l'œuf.

Les vaisseaux mammaires s'épanouissent dans les cotyledons, et se distribuent de tous côtés en une multitude de ramifications, comme l'on voit les vaisseaux des feuilles, d'abord resserrés dans le pétiole, se diviser et se subdiviser en mille rameaux différens dans la lame, et former cet admirable réseau auquel nous avons donné les noms de nervures et de veines.

Il ne faut pas oublier que la radicule communique directement avec la plumule et les cotyledons par les vaisseaux mammaires ; mais que les cotyledons et la plumule ne communiquent entre eux que par l'intermédiaire de la radicule. Nous verrons tout à l'heure les conséquences de cette organisation.

ARTICLE II.

De la germination et des causes qui la déterminent.

La graine, avant la germination, est comparable à l'œuf avant l'incubation : l'un et l'autre attendent des circonstances favorables pour se développer. Une chaleur douce et soutenue éveillent le fœtus de l'œuf; une chaleur douce, un peu d'air et d'eau amènent la germination de la plantule (1). Que

---

(1) *Nota.* Je parle de ce qui a lieu dans l'ordre accoutumé, et non des résultats des expériences. Ce sont deux choses distinctes et qu'il faut bien se garder de confondre. Les expériences peuvent éclairer l'histoire de la Nature, mais ne doivent pas être mises à sa place. Au reste, pour completter ce travail, je vais donner ici l'analyse de l'ouvrage d'Huber et de Senebier, sur *l'influence de l'air et des diverses substances gazeuses dans la germination de quelques graines.* Voyez le Bulletin des sciences du mois de vindemiaire an 10, n° 55.... Les expériences dont il s'agit ont eu pour but de déterminer l'influence des divers gaz, et sur-tout du gaz oxigène sur la germination. Les graines étoient placées sur des fanelles ou des éponges humides, sous des récipiens pleins de gaz. Voici quels ont été les principaux résultats : Toutes les graines placées sous le gaz azote ont refusé

ces circonstances ne se rencontrent point ; ni l'œuf ni la graine ne changeront d'état,

---

de germer ; elles ont ensuite germé à l'air. Leur germination a été accélérée, mais débile dans le gaz oxigène pur ; elle a été plus vigoureuse dans celui qui contient un peu d'acide carbonique. Dans cette expérience, le carbone de la graine se combine avec l'oxigène, et forme du gaz acide carbonique. Les graines ont germé dans un air atmosphérique artificiel comme dans l'air ordinaire. Les proportions les plus favorables pour la germination sont trois mesures d'azote ou d'hydrogène pour une d'oxigène. Des graines placées dans l'azote refusèrent de germer, même quand on y introduisit peu à peu une assez grande dose d'oxigène ; mais elles germèrent très-bien lorsqu'on introduisit cette même dose d'oxigène tout à la fois. Cette différence est due à ce que, dans le premier cas, l'oxigène est successivement employé à enlever à la graine le carbone dégagé, et qu'il n'en reste plus pour la vivifier ; tandis que, lorsqu'on le verse tout à la fois, il s'en dissout suffisamment pour ces deux usages.

Les graines ne germent point dans le gaz acide carbonique, ni dans le gaz hydrogène pur. Une graine de laitue absorbe, pour germer, une quantité d'oxigène, qui est au plus égale à 26 milligrames (demi-grain) d'eau : elle ne germe que lorsque l'oxigène est au moins la huitième partie de l'atmosphère dans laquelle elle vit. L'abondance du gaz acide carbonique est plus nuisible à la germination que celle de l'azote, et celle de l'azote plus que celle de l'hydrogène. Si l'on

à

à moins que quelques causes étrangères ne les désorganisent.

---

fait germer des graines dans le gaz hydrogène, le carbone des graines s'y dissout et s'y combine très-intimement.

La vapeur de l'éther sulfurique, sous un récipient d'air atmosphérique, empêcha les graines de germer, sans altérer la quantité d'oxigène de l'air. Il en fût de même du camphre, de l'huile de térébenthine, de l'assa fœtida, du vinaigre, de l'ammoniaque. Les corps en putréfaction empêchent la germination par l'abondance du gaz acide carbonique qu'ils émettent. Il paroît, d'après les faits précédens, que l'oxigène est indispensable pour la germination, et qu'il sert à enlever à la graine le carbone dégagé par la fermentation. Cette règle n'est pas sans exception.

En effet les pois ont germé dans de l'eau privée d'air, par tous les moyens possibles, à quelque profondeur qu'ils fussent plongés. Les graines de fèves, de lentilles, d'épinards, de laitue et de blé, germent de même sous l'eau, avec plus ou moins de facilité Ces graines germent mieux dans l'eau chargée de gaz oxigène que dans l'eau qui en est privée ; elles ne germent pas dans l'eau chargée d'acide carbonique; les acides retardent plus ou moins leur germination; l'air émis par les pois sous l'eau pure est un mélange d'acide carbonique et d'hydrogène carboné.

Les pois ont germé dans le gaz hydrogène pur, dans des airs où d'autres graines avoient déjà germé, et ils ont épuisé totalement la dose d'oxigène qui

La conservation de la graine dépend beaucoup de sa nature. La graine du café, par
exemple, ne germe que lorsqu'elle est mise
en terre aussitôt après qu'elle est récoltée; et
les légumineuses, au contraire, conservent
pendant des siècles la faculté de germer.
En général les graines farineuses se conservent beaucoup plus long-tems que les graines
oléagineuses : l'huile abondante que contiennent ces dernières, se rancit avec une extrême
facilité, et cette altération tue la plantule.
Pour que la faculté de germer ne cesse pas
d'exister dans la graine, il faut que ses sucs
et son tissu n'éprouvent aucune altération,
et qu'elle soit telle qu'au moment où elle
se détache de la plante-mère. C'est ainsi
que les graines, enfoncées très-avant dans
la terre et privées d'air et d'humidité, n'é-
prouvent aucun changement, et germent

____

pouvoit y exister : dans cette expérience le gaz hydrogène se charge de carbone. Ils ont aussi germé
dans le gaz azote ; ils ne germent pas sous l'huile,
mais si, après avoir été gonflés sous l'eau, on les met
dans l'huile, ils y germent très-bien.

Ces faits sont de nouvelles inductions en faveur de
la décomposition de l'eau dans la germination, et par
conséquent dans la végétation.

après une suite d'années considérable, lorsque les circonstances nécessaires à la germination agissent sur elles. On a vu, après
la destruction d'anciens monumens, les
ruines se couvrir de plantes étrangères aux
terrains environnans, sans qu'on pût soupçonner l'origine de ces nouvelles productions; mais avec plus de connoissance des
lois de la germination, on auroit tiré de
ce fait la seule conjecture probable, savoir:
que le ciment de l'édifice détruit contenoit
quelques graines parfaitement conservées,
lesquelles, se trouvant tout à coup exposées
à l'air, sortoient de l'état d'engourdissement
où elles étoient plongées auparavant. La
même chose a lieu lorsqu'on abat les forêts
ou qu'on remue des terres long - tems en
friche; des graines, demeurées intactes durant des siècles, se développent et présentent
le spectacle singulier d'une végétation quelquefois inconnue dans les lieux qu'elle recouvre. On conçoit encore comment des
graines semées peu de tems avant de grandes
pluies ne germent pas; l'eau forme alors, à
la superficie du sol, une espèce de croûte
qui s'oppose au passage de l'air. La privation
de ce fluide empêche également la germi-

nation des graines enfouies trop profondé-
ment dans la terre (1).

Dans les premiers momens de la germination, l'humidité pénètre par l'ombilic dans
l'intérieur de la graine, et gonfle ses enveloppes. A la faveur des vaisseaux de la
membrane interne, elle filtre jusqu'aux cotyledons qui la pompent par leur surface et

---

(1) *Tems que certaines graines mettent à lever, d'après*
Adanson.

Plantes qui
    lèvent en   1 jour. Le millet, le froment.
                 3 — Le bléton, l'épinard, la fève,
                      le haricot, le navet, la rave,
                      la moutarde, la roquette, etc.
                 4 — La laitue, l'anet, etc.
                 5 — Le cresson, le melon, le con-
                      combre, la callebasse, etc.
                 6 — Le raifort, la poirée.
                 7 — L'orge.
                 8 — L'arroche.
                 9 — Pourpier.
                10 — Le chou.
                30 — L'hyssope.
           40 à 50 — Le persil.
                1 an. L'amandier, le *melampyrum*,
                      le pêcher, la pivoine, le
                      ranunculus falcatus, etc.
                 2 — Le cornouiller, le rosier, l'au-
                      bepine, le noisetier avelinier.

se dilatent insensiblement ; l'albumen , soit qu'il remplisse le tissu des lobes séminaux ou qu'il soit placé à leur superficie , imbibé par l'humidité , se délaie et se change en une émulsion laiteuse qui ne tarde point à fermenter ; l'humidité , la chaleur , le contact de l'air atmosphérique, agissant à la fois sur cette substance farineuse , doivent nécessairement produire cet effet ; elle prend une saveur sucrée ; le gaz acide carbonique se dégage et pousse la liqueur émulsive dans les rameaux des vaisseaux mammaires ; enfin, elle pénètre jusqu'aux troncs principaux et descend dans la radicule ; puis elle est portée, par le tronc, du centre jusqu'au sommet de la plumule. Je n'oserois décider si l'albumen, devenu laiteux et fluide, nourrit la plantule de sa propre substance, ou s'il ne sert qu'à produire dans la graine le gaz acide carbonique et l'eau indispensables au développement du végétal ; mais ce qui est certain , c'est que cette substance farineuse contribue éminemment au premier développement de la plante, et que, semblable au lait des quadrupèdes ou au vitellus des œufs des oiseaux , elle offre à cet être débile une nourriture qui lui étoit indispensable. Il est dans l'ordre des choses que

I 5

les espèces se propagent et se reproduisent ;
et tout être organisé a une origine foible et
des commencemens hasardeux ; il faut donc
que la Nature protège son enfance et qu'elle
lui prépare en quelque sorte le chemin de
la vie. L'estomac d'un enfant pourroit-il
digérer la nourriture succulente qui convient à l'homme fait, et le chêne de deux
jours pourroit-il pomper dans la terre les
fluides qui nourrissent le chêne de deux
siècles ?

C'est dans les cotyledons que les sucs de
l'albumen sont préparés ; on ne peut tou-
cher à ces organes sans que la plantule n'en
éprouve quelqu'altération. Lorsqu'on les retranche peu de tems après la germination,
la petite plante périt ; lorsqu'on se contente
d'en couper une partie, elle peut encore
végéter ; mais sa croissance est lente et imparfaite : elle n'acquiert jamais ni la vigueur
ni les dimensions qui appartiennent à son
espèce ; elle reste foible, chétive, défigurée ;
souvent elle ne produit que des fleurs infé-
condes, et presque toujours elle est mécon-
noissable.

Les cotyledons, gonflés par l'humidité,
pressent les tégumens de la graine et les déchirent. La radicule, nourrie par le lait de

l'albumen, et le recevant plus directement que la plumule, croît et s'alonge la première ; devenue plus vigoureuse, elle commence à pomper les sucs de la terre. La plumule, nourrie à son tour par la radicule, ne tarde pas à prendre de l'accroissement ; les lobes séminaux s'écartent et favorisent son ascension en repoussant la terre qui les environne. Le sommet de la plumule, retenu durant quelque tems entre les lobes séminaux, n'empèche pas l'alongement de la petite tige : elle est d'abord courbée en arc ; mais enfin elle se redresse et montre à la surface de la terre son sommet terminé par un bourgeon de petites feuilles pâles, molles et pliées les unes sur les autres. Les graines des fougères et des mousses sont si petites, qu'à l'aide des meilleurs verres il est impossible d'y reconnoître l'existence du cotyledon ; mais la germination le développe et le découvre à l'observateur. Hedwig a décrit celui des mousses ; je vais décrire celui des fougères. C'est une feuille en cœur, petite, verte, mince, appliquée sur la terre ; la radicule et la plumule se développent à la pointe du cœur ; cette pointe dès-lors cesse de croître ; mais les autres parties du lobe séminal continuant à se dilater, au terme de sa croissance; il semble être formé de deux lobes opposés, du milieu desquels s'échappe la plantule, comme dans les plantes à deux cotyledons. Ici, le cotyledon, après avoir servi à la germination, favorise le premier accroissement de la plante; il se montre à la lumière; il se dilate et verdit; il se change en une véritable feuille qui ne diffère des autres que par ses formes extérieures et ses dimensions. Le cotyledon, sous cette nouvelle forme, prend le nom de feuille séminale; sa métamorphose n'a rien qui doive surprendre, si l'on considère que les lobes séminaux ne sont autre chose que des feuilles arrêtées dans leur développement.

Cependant il n'est pas rare que les cotyledons restent cachés sous la terre, et qu'ils y périssent quand la germination a eu lieu; c'est ce qui arrive dans la plupart des plantes monocotyledones, dont les organes sexuels sont apparens. Dans cette série de végétaux, l'albumen est presque toujours extérieur; lorsque cette substance, pénétrée par l'humidité de la terre, s'est transformée en une liqueur émulsive, et qu'à la faveur du tissu cellulaire qui l'unit encore à la base de l'embryon, elle verse dans la jeune plante le lait qui doit servir à ses premiers développemens, la radicule, comme nous l'avons déjà vu , s'alonge vers le centre de la terre, et la plumule , bientôt après, tend à s'élever à la surface du sol. Dans ces circonstances le cotyledon, s'il ne recouvre pas totalement la plantule , est rejeté sur le côté et prend peu de développement; il reste sous la terre, et plongeant toujours dans l'albumen devenu liquide , il aspire cette liqueur nourricière et la verse dans l'intérieur de la plante ; mais s'il recouvre absolument la plumule, pressé par elle , sa base se prolonge en une gaîne dans laquelle la tige est emprisonnée. Cette gaîne , ne pouvant à la fin se développer autant que la plantule , dont les efforts n'ont point de relâche , se crève à son sommet et n'oppose plus d'obstacle à la croissance de la plante. La partie du cotyledon, qui étoit développée dans la graine avant la germination, ne change pas de nature ; mais, tantôt elle paroît au sommet de la gaîne , tantôt à son milieu, tantôt à sa base ; quelquefois elle pend à l'extrémité d'un petit filet qui n'est que le prolongement de la gaîne, libre ou adhérent à sa superficie.

L'air et la lumière ont une action très-marquée sur les végétaux; les feuilles et les jeunes rameaux, placés à l'ombre et sous un abri, se penchent et se portent vers les **rayons** lumineux, et recherchent également le contact de l'air. Il semble que ce soit cette faculté qui se manifeste dans la plumule, au moment de la germination, et la détermine à s'élever à la surface de la terre. Quelques plantes, telle que le guy, germent indifféremment dans tous les sens; mais ce sont des exceptions très-rares. En général, quelle que soit la position d'une graine dans la terre, la radicule tend à s'enfoncer vers son centre, et la plumule à s'élever dans une direction opposée. Si la graine est placée de manière que la plumule soit en bas et la radicule en haut, celle-ci s'alonge, se recourbe, et la plumule se redresse et gagne insensiblement la surface. Duhamel essaya d'intervertir cet ordre, mais il ne put y réussir : il mit dans un tube étroit, tantôt un gland, tantôt une fève, tantôt un marron, et recouvrit la graine avec de la terre de l'un et de l'autre côtés : il suspendit ensuite ce tube, de façon que la plantule étoit renversée; mais la radicule et la plumule, ne trouvant aucune issue, l'une pour descendre, l'autre pour monter, se roulèrent en spirale contre la graine, et ne se déterminèrent point à prendre une direction contraire à celle qui leur est naturelle. Ce phénomène est d'autant plus remarquable, qu'il ne se manifeste que dans ce premier âge, et que, dans un âge plus avancé, si l'on retourne le végétal, il s'accommode à sa nouvelle position lorsqu'il peut la supporter quelque tems sans périr. Ses branches enfoncées dans la terre jettent des racines au lieu de feuilles, et ses racines exposées à l'air et à la lumière se couvrent de feuilles : aucun arbre ne convient mieux que le saule pour faire cette expérience.

On a beaucoup écrit sur la direction qu'affectent la radicule et la plumule dans la germination ; on a voulu expliquer ce phénomène par les lois de la physique et de la chimie ; mais il faut convenir que toutes ces explications ne sont guère propres à satisfaire la raison. L'opinion très-fondée, que des plantes ne sentent point, nous porte souvent à les regarder comme des machines dont nous croyons pouvoir expliquer les mouvemens ; mais nous perdons de vue que ce sont des machines organisées, susceptibles de croissance et de développement, et qui, par conséquent, jouissent d'une force vitale dont nous ne saurions calculer les effets; il ne faut donc pas s'étonner si, depuis un siècle que les savans ont porté leurs regards sur les phénomènes de la végétation, il y a encore si peu de faits auxquels on ait assigné une cause plausible et raisonnable.

La plumule, en s'alongeant, devient une petite tige surmontée d'un faisceau de feuilles rapprochées en bourgeon ; six à huit mois suffisent pour mettre fin à la vie d'une tige herbacée ; mais les tiges d'une consistance ligneuse végètent toujours durant plusieurs années ; quelques-unes même sont de nature à se développer pendant des siècles. Dans les monocotyledones, les filets du tissu tubulaire s'épaississent, se multiplient et s'alongent ; dans les dicotyledones, la petite couche de tubes, placée entre le parenchyme et la moëlle, en produit une seconde, celle - ci une troisième, et ainsi de suite. Les couches ont une forme conique. La base de chaque cône repose sur le sommet de la racine ; la première couche cesse de croître à la fin d'une, deux ou trois années ; la seconde, née après la première, continue de croître quelque tems après elle, et forme un cône dont le diamètre est plus considérable ; la troisième recouvre et dépasse la seconde, etc. Les boutons naissent dans l'aisselle des feuilles, ils s'alongent en bourgeons et deviennent des

branches; les fleurs et les fruits se reproduisent pendant un laps de tems plus ou moins
long; mais enfin la substance organisatrice ne
se forme plus, et la vie s'arrête.

Nous avons examiné toutes les circonstances de la germination; suivons le végétal
dans sa croissance et ses développemens.

CHAPITRE II.

Des racines.

L'ACCROISSEMENT de la plante commence avec la germination ; mais alors le travail de la Nature s'opère dans l'obscurité et le silence, et rien n'annonce la végétation nouvelle. Tout semble dormir, et cependant les germes s'agitent, se développent, et ne tarderont pas à parer la surface de la terre de leur fraîche et brillante verdure. La terre, comme une seconde mère, a reçu dans son sein les embryons des végétaux, et c'est elle qui achève de les produire à la vie. Les cotyledons flétris sont devenus inutiles; la racine vigoureuse aspire et pompe les sucs nourriciers; elle se développe avant les autres parties, et l'on peut juger par cette prompte croissance de son utilité dans la végétation. En effet, si l'on en excepte peut-être quelques champignons et quelques algues, dont les formes semblent n'avoir rien de commun avec celles des autres végétaux, toutes les plantes ont une racine, par le moyen de laquelle elles puisent leur nourriture.

Les racines croissent toujours en sens inverse des autres parties ; elles varient par leur forme et leur manière d'être, selon la nature des végétaux ; beaucoup s'enfoncent perpendiculairement dans la terre, ou s'alongent dans une direction horisontale ; quelques - unes nagent à la surface des eaux ; d'autres y sont plongées ; il en est qui s'attachent aux rocs, et trouvent sur leurs surfaces âpres et desséchées un aliment qui les soutient et les développe ; tandis que d'autres, vrais parasites, incapables de tirer des meilleurs terrains une nourriture substantielle, s'attachent à des végétaux vigoureux, et pompent les sucs qui coulent dans leurs vaisseaux.

Il est des racines semblables à des fuseaux, d'autres renflées en épais tubercules, d'autres divisées en une multitude de filets déliés, d'autres étalés en rameaux comme la cime des arbres ; quelques-unes sortent de la terre, et forment de distance en distance des espèces de bornes ; beaucoup naissent de tous les nœuds de certaines plantes rampantes ; d'autres s'échappent de l'extrémité des feuilles ; plusieurs se développent dans le fruit encore suspendu à la branche.

Il n'est aucune partie du végétal qui ne

puisse produire des racines. Une branche de saule, pliée en arc et mise en terre par les deux extrémités, s'enracine de l'un et de l'autre côtés, et se couvre de feuilles à sa partie moyenne. Les racines à leur tour suffisent pour reproduire un végétal entier; souvent elles tracent sous la terre, et jettent çà et là de nombreux rejetons; celles qui s'enfoncent le moins sont les plus vigoureuses; en pénétrant dans la terre, elles sont privées de l'influence de l'air et de la lumière, et deviennent molles et sans consistance.

Les racines varient dans leur durée; celles des herbes périssent avec la tige, ou continuent de végéter deux ou plusieurs années, et reproduisent annuellement de nouvelles pousses; celles des arbres et des arbrisseaux meurent ordinairement avec le tronc ou la tige qu'elles portent.

Dans les dicotyledones, la racine est composée d'une écorce où domine le tissu cellulaire, et d'un faisceau central de tissus tubulaires et de grands tubes. Vers le collet de la racine, c'est-à-dire, vers l'endroit où elle donne naissance à la tige, on remarque quelquefois au centre un amas de tissus cellulaires. La coupe horisontale présente des zones concentriques

concentriques et des rayons médullaires comme la coupe du tronc ou des branches. Dans la racine charnue des monocotyle-dones, on trouve la même organisation que dans leur tige, c'est-à-dire, que la partie ligneuse est divisée en filets réunis par un tissu cellulaire.

Les racines sont ordinairement blanches, mais quelquefois jaunes ou rouges ; elles doivent ces couleurs aux sucs propres qu'elles reçoivent de l'écorce de la tige, et auxquels elles font subir très-souvent une nouvelle élaboration.

Cet organe pompe l'humidité de la terre par ses dernières ramifications, qui prennent le nom de fibres ou de chevelu à cause de leur ténuité. Le chevelu est garni à son extré-mité de suçoirs en forme de petits poils. Les racines des arbres, pourvues d'un chevelu abondant, épuisent le sol, et font dépérir les herbes qui naissent dans leur voisinage. Lorsque ces arbres sont jeunes, leurs racines ne s'étendant pas encore au loin, les herbes les plus rapprochées d'eux se développent difficilement ; mais, lorsque ces mêmes arbres prennent à la fois plus d'âge et plus de vi-gueur, comme leurs racines s'alongent ainsi que leurs branches, les herbes végètent très-bien à leur pied, mais celles qui sont à quelque distance souffrent de la présence de ces puissans végétaux.

Les plantes n'ont point, comme les ani-maux, le sentiment et l'instinct pour guides; mais la Nature, en les soumettant à des lois constantes, a pourvu à leur conservation. Les racines se dirigent toujours vers les terres humides ou fraîchement remuées; elles abandonnent souvent le mauvais ter-rain ou l'agriculteur les avoit condamnées à végéter, et s'alongent pour aller chercher au loin une nourriture plus substantielle. Un fossé n'est point un obstacle à leur marche; elles se courbent et passent de l'autre côté. Un mur même ne les arrête point; leurs filets les plus déliés pénètrent entre les pierres mal jointes, et se portant dans les lieux où ils trouvent les fluides nécessaires à leur développement, ils s'épais-sissent, se gonflent et quelquefois même, semblables à des coins de bois qu'on hu-mecte, ils écartent les parties qui les ser-rent, ébranlent et détruisent le mur dans ses fondemens.

Souvent, comme je l'ai dit plus haut, les sucs propres reçoivent dans les racines une élaboration particulière; on en trouve la preuve dans la différence d'odeur, de saveur, de couleur et de propriété de cet organe comparé à la tige. Cela est très-sensible dans quelques herbes, et notamment dans la pomme de terre, dont la racine est saine et savoureuse, et la tige un narcotique puissant; mais, dans les arbres, il y a généralement fort peu de différence entre la racine et la tige. La racine des herbes contient d'ordinaire une masse beaucoup plus considérable de tissus cellulaires que leur tige; la racine des arbres diffère peu de leur tronc.

La racine fait aussi les fonctions d'organe excrétoire. La terre qui l'entoure devient onctueuse et prend une couleur plus foncée, preuve non équivoque qu'elle s'imbibe des sucs que la plante rejette. On voit tous les jours des racines s'insinuer dans des canaux pleins d'eau, s'amincir, se diviser en une multitude de filets qui se frangent à leur extrémité, et se couvrent d'une matière gélatineuse, que sans doute la terre auroit absorbée si elles y fussent demeurées ensevelies. C'est aux excrétions de la racine qu'il faut peut-être attribuer souvent l'espèce d'antipathie qu'on observe entre certaines plantes, qui ne se trouvent jamais ensemble. Les sympathies paroissent dues aux mêmes causes; il est des végétaux qui semblent se chercher et se suivre; ce phénomène est si connu des botanistes, que la rencontre de telle plante est quelquefois pour eux l'indice certain de la présence d'une autre qu'ils n'aperçoivent pas encore. On n'a point assez étudié jusqu'ici cette partie de l'histoire des végétaux, qui tient en quelque sorte à leurs mœurs et à leur sociabilité, et cependant il est probable que l'agriculture y puiseroit de grandes lumières.

La racine entretient la chaleur dans le végétal; cet organe, placé dans un milieu impénétrable au froid, porte sans cesse dans la tige le calorique nécessaire à la conservation des organes; et voilà une des principales raisons pourquoi les végétaux conservent, durant les rigueurs de l'hyver, une température toujours plus douce que celle de l'atmosphère.

Enfin, c'est par les racines que les végétaux restent fixés à la même place, et qu'ils se soutiennent malgré la violence des aquilons. Que deviendroit le chaume débile, si sa racine ne l'attachoit à la terre? Comment les majestueuses forêts soutiendroient-elles leurs cimes dans les airs, si d'autres forêts souterraines ne les retenoient dans une situation verticale?

Cet organe est un de ceux qui mérite le plus d'être étudié : c'est en l'observant qu'on peut apprendre à gouverner et à élever les végétaux : on ne doit pas indifféremment les placer dans toute espèce de terrain. Les plantes dont les racines s'enfoncent très-avant dans la terre, ne réussiront jamais dans les lieux où le tuf est à peine recouvert d'une légère couche d'humus ; celles dont les racines sont divisées en une multitude de filets foibles et déliés, demandent une terre fine et bien remuée ; celles dont les racines sont épaisses et charnues, veulent beaucoup d'humidité. Les racines à oignon végètent au contraire très-bien dans un terrain sec. Les agriculteurs instruits ne s'y trompent pas ; mais, faute de connoître ces relations du sol et de la plante, combien de gens ont fait de mauvaises spéculations en introduisant de nouvelles cultures dans les lieux où elles ne pouvoient réussir, et en demandant à la terre plus qu'elle ne pouvoit donner.

Il me reste encore quelques faits à exposer relativement aux racines ; je les ferai connoître après avoir traité des tiges et des branches, et lorsque j'établirai le parallèle entre ces parties.

CHAPITRE III.

DE LA TIGE.

Considérations générales sur les tiges.

INTRODUCTION.

La tige est représentée dans la graine par la plumule : nous avons vu sa première croissance, voyons ce qu'elle devient ensuite, et quel rôle elle remplit dans la végétation. La base de la tige repose sur le sommet de la racine ; celle - ci se cache dans la terre, celle-là s'élève vers le ciel ; l'union de l'un et de l'autre organe forme le *collet* de la plante ; la tige porte les feuilles, les branches, les fleurs et les fruits ; elle est quelquefois si basse qu'on ne peut la distinguer du collet, et quelquefois si élevée qu'elle se perd dans les nues. Dans tel végétal, elle rampe et se cache sous l'herbe ; dans tel autre, elle se dresse comme une colonne majestueuse. Elle présente un seul jet sans divisions, ou bien se partage en une multitude innombrable de rameaux ; elle se soutient par sa propre force, ou s'appuie sur quelque corps étranger; elle est cylindrique, anguleuse, raboteuse, lisse, velue, avec ou sans épines, etc., etc.; en un mot elle varie presque autant qu'il y a d'espèces.

Depuis le cèdre jusqu'à la mousse, que de nuances dans la grandeur, la force et l'aspect! Le cèdre, enfant des montagnes, étendant ses branches superbes au dessus de tous les végétaux qui l'environnent, semble exercer une sorte d'empire sur eux. A ses pieds naissent des races innombrables de végétaux qui couvrent la terre d'une verdure toujours renaissante : les uns forment les forêts majestueuses dont la cime se balance dans les airs, attire et pompe les nuages et répand une humidité fécondante ; les autres, plus humbles, perdent insensiblement ces dimensions élevées, et s'abaissent enfin jusqu'à n'être plus que de simples gazons. Il en est qui ne végètent avec vigueur que sur les montagnes ; d'autres qui ne peuvent croître que dans les plaines ou sur le bord des eaux ; d'autres qui descendent jusqu'au fond des lacs, des eaux courantes et de la mer ; plusieurs vivent vers les régions glacées du pole. Dans ces rudes climats, toute la nature organisée est soumise aux mêmes lois : l'homme, les animaux, les plantes restent foibles et chétifs. D'autres végétaux habitent la zone tempérée ; ils prennent plus de vigueur et de plus nobles proportions : mais ce n'est rien encore ; il est des lieux que la Nature a peuplés d'êtres dessinés d'une main plus hardie. Là, tout revêt un aspect imposant ; les formes sont plus grandes, les contrastes plus marqués et plus nombreux, les harmonies plus riches et plus variées. Promenons nos regards sur cette zone immense située entre les deux tropiques, sur cette zone où les feux du jour ne sont jamais tempérés par la fraîcheur des nuits ; c'est là que règne la Nature et qu'elle déploie toute sa force créatrice ; ailleurs, elle est enchaînée par le climat ou combattue par l'homme, et la vie, lente à se propager, est comprimée dans ses efforts. C'est dans les lieux où l'homme ne peut exercer son empire, que la Nature conserve sa splendeur. Quel contraste offrent nos plaines cultivées, et les déserts imposans et terribles de l'Afrique ou de l'Amérique ? Ce ne sont plus ces campagnes que le travail a fertilisées, ces forêts alignées, ces terres de toutes parts accessibles, ces rivières et ces fleuves maintenus dans leurs cours :

c'est l'immense Amazone roulant ses flots
indomptés au sein des savannes désertes,
ou peuplées de quadrupèdes redoutables et
de reptiles plus dangereux encore. Les cycas,
les palmiers pressés les uns contre les autres,
s'élèvent en colonne vers le ciel : les rot-
tangs, les smilax, les pothos, et cent autres
lianes parties du fond des marais, entrelaçant
leurs tiges souples et grimpantes, montent
au sommet des plus grands arbres, les couronnent de leurs fleurs, et retombent sur
les rameaux inférieurs pour s'élever encore
et retomber de nouveau. Tous les arbres
étroitement unis forment un rempart impénétrable; et lorsque la hache du tems fait
tomber ces géans séculaires, les lianes suspendues en voûte protègent à leur tour les
foibles rejetons des végétaux qui étayèrent
leur enfance. Tel est l'imposant spectacle
que présente la végétation dans ces lieux où
l'art n'a point encore altéré la nature.

PREMIÈRE PARTIE.

Des tiges des plantes dicotyledones.

ARTICLE PREMIER.

Définition des différentes espèces de tiges dicotyledones ; indication des parties qui les composent.

COMME il existe des différences très-prononcées entre les tiges des dicotyledones et des monocotyledones, j'en traiterai séparément, et j'examinerai d'abord ce qui concerne les tiges des plantes à deux lobes séminaux.

Le mot tige est un terme générique qu'on emploie indifféremment pour désigner la partie qui l'élève de la racine, et porte médiatement ou immédiatement les feuilles, les branches, les fleurs et toutes les productions végétales qui se montrent au jour et reçoivent directement l'action de l'air extérieur. Mais on distingue dans les dicotyledones trois espèces de tiges : la hampe, la tige proprement dite, et le tronc.

La hampe est garnie de feuilles à sa base ; elle en est dépourvue dans sa longueur, et porte des fleurs à son sommet ; le pissenlit en fournit un exemple. Cette dénomination est employée également pour désigner les tiges nues des monocotyledones, comme on le verra par la suite.

La tige proprement dite, est une tige feuillée qui appartient à toutes les plantes herbacées et même aux plantes ligneuses, dont la hauteur ne passe pas vingt à vingt-cinq pieds ; elle est droite, rampante, roulée en spirale, etc. etc.

Le tronc est la tige des arbres, c'est-à-dire, des plantes ligneuses dont la hauteur passe vingt-cinq pieds. Toutes les plantes ligneuses, qui n'ont point ces dimensions, sont des arbrisseaux ou des sous-arbrisseaux. Le tronc ne diffère pas par son organisation des tiges ligneuses moins élevées, mais il est ordinairement plus fort et plus gros ; il est couronné de branches vigoureuses, chargées de rameaux, et tient à la terre par de puissantes racines ; son écorce très-épaisse se gerce et se sillonne dans la vieillesse.

Les plantes ligneuses présentent l'organisation la plus compliquée ; on y trouve l'écorce, le corps ligneux et la moëlle. Dans l'écorce, on remarque d'abord le tissu herbacé, ensuite le parenchyme, puis les couches corticales et même quelquefois le liber; dans le corps ligneux, la première partie qui se présente est le liber, vient ensuite l'aubier, puis le bois; dans la moëlle, on trouve extérieurement le tissu tubulaire, et intérieurement la moëlle proprement dite. Nous allons considérer successivement ces diverses parties.

A R T I C L E   I I.

Du tissu herbacé dans les plantes dicotyle-dones ligneuses.

L E tissu herbacé est placé immédiatement sous l'épiderme; c'est un tissu cellulaire assez lâche et qui contient toujours une substance résineuse, ordinairement verte, quelquefois brune, jaune, rouge, etc. Elle donne à l'épiderme ses vives couleurs; et cette membrane, presque toujours lisse et polie, la recouvre comme un vernis et la rend plus brillante. L'épiderme défend ce tissu des injures de l'air; il s'oppose à son dessèchement : aussi le voyons-nous s'altérer et se détruire lorsque l'épiderme est enlevé.

Le tissu herbacé est visible dans les dico-

tyledones et monocotyledones, sans en ex-
cepter les mousses, les lycopodes et les
fougères, qui doivent être placées dans cette
dernière classe. Les feuilles, les bractées, etc.,
sont formées presque entièrement d'une lame
de ce tissu dont les deux surfaces sont recouvertes par l'épiderme. Les tiges et les
branches des plantes annuelles et vivaces en
sont également revêtues; cette partie, soumise plus qu'aucune autre à l'action continue de l'air et de la lumière, se dessèche
et se renouvelle sans cesse dans les plantes
ligneuses. La superficie dure, inégale, raboteuse, déchirée des troncs des vieux arbres,
est formée par les couches des cellules herbacées nées successivement et repoussées à
l'extérieur par la force des développemens.
En écartant ces couches désorganisées, on
retrouve dessous les cellules saines et intactes.
Cette désorganisation continuelle des couches
extérieures est un tribut que la Nature paie
au tems; lorsqu'elle veut assurer la vie d'un
être, non seulement elle doit fournir sans
cesse au développement des forces vitales,
mais il faut encore qu'elle abandonne quelques parties à la puissance désorganisatrice
dont l'empire commence à l'instant même
où l'être reçoit l'existence. Cette loi, de

rigueur pour tous les êtres organisés, a moins de prise sur ceux dont la vie a un terme très-court : la superficie des herbes s'altère peu à peu, et nous ne le voyons point parce que la mort les frappe avant que le tems ait laissé sur elle des traces profondes.

Les blessures faites à la superficie des herbes y laissent presque toujours une cicatrice ; mais, dans les arbres, le tissu herbacé se reproduit et les plaies s'effacent. Les premières arrivent promptement au terme de leur développement : ce terme accompli, la Nature ne fait plus rien pour réparer les pertes ; les seconds, au contraire, ont une longue existence ; chaque jour il s'opère en eux de nouvelles productions, et souvent les pertes sont réparées presque aussitôt que faites.

Les sucs ne circulent point dans le tissu herbacé, ou du moins ils y circulent très-lentement ; mais ils s'y élaborent et y prennent de la consistance : d'abord, entraînés dans le végétal par le tissu tubulaire et les grands tubes, ils pénètrent bientôt les membranes et se déposent dans les cellules.

Il paroîtroit que ces sucs ne seroient en premier lieu qu'un mélange d'eau et d'acide carbonique ; qu'arrivés dans les cellules les plus voisines de l'épiderme, ces deux fluides, exposés à l'action de la lumière et soumis à certaines lois de l'organisation qui nous sont inconnues, se décomposent; que l'oxigène de l'eau et de l'acide carbonique s'échappent par les pores de l'épiderme, et que le carbone et l'hydrogène, se combinant, forment les huiles et les résines.

ARTICLE III.

Du parenchyme dans les plantes dicotyledones ligneuses.

Cette partie est également composée de tissus cellulaires; mais elle ne contient point de suc verd, parce qu'elle n'est point exposée au contact de la lumière, ou qu'elle ne s'y montre qu'après en avoir été long-tems privée; elle est souvent remplie de sucs aqueux; ses membranes sont transparentes, et n'ont que très-peu de consistance; aussi est-ce dans le parenchyme que se forment les lacunes. Cette partie est d'autant plus abondante, relativement aux autres, que la plante est plus jeune : peu à peu elle diminue de volume, et dans les vieux troncs, à peine en retrouve-t-on quelques traces. Les herbes en contiennent plus que les arbres à grosseur égale ; les feuilles minces n'en con-tiennent point du tout ; les feuilles épaisses et charnues en ont une couche plus ou moins épaisse entre les deux lames du tissu her-bacé qui forment leur surface. Les fruits pulpeux, les racines bulbeuses, la superficie des autres racines, les oignons, les spathes, les périanthes pétaloïdes ne sont, presqu'en totalité, qu'un parenchyme plus ou moins abondant. Cette partie du tissu cellulaire est pleine de sucs souvent colorés dans les fruits et dans les périanthes, mais rarement dans les autres organes; ces sucs sont presque toujours stagnans. Le parenchyme enve-loppe les filets ligneux des tiges et des bran-ches des monocotyledones, et n'en forme qu'un seul faisceau ; on le trouve immédia-tement dessous les cellules herbacées, dans les tiges et les branches des dicotyledones; il forme aussi très-souvent les rayons mé-dullaires.

Le parenchyme est un lien et un moyen de communication entre toutes les parties; c'est dans ses cellules que les fluides sura-bondans sont placés comme en réserve, et reçoivent la première élaboration. De là, ils filtrent dans les cellules du tissu herbacé, où ils éprouvent l'influence de la lumière,

il

ils se purgent de leur oxigène et se transforment en huile, en gomme et en résine.

Le parenchyme des tiges et des branches,
très-dilaté, très-succulent et très-abondant
dans les premiers momens de la vie des végétaux, leur communique cette fraîcheur
et cette souplesse si nécessaires pour hâter
les développemens ; mais, à mesure que la
plante vieillit, le tissu tubulaire se multiplie et occupe une place plus considérable ;
et le parenchyme, repoussé et comprimé,
incapable par sa nature d'opposer une forte
résistance, finit par disparoître entièrement.

Article IV.

*Des tubes contenus dans le tissu herbacé et
le parenchyme des dicotyledones ligneuses.*

Toutes les plantes dont les tiges, les branches et les rameaux sont sillonnés à leur
surface, telles que la vigne, par exemple,
renferment dans leur écorce des faisceaux
de petits tubes longitudinaux, qui forment
les parties les plus saillantes de cette même
surface, et jamais on ne trouve de pores alongés sur l'épiderme qui recouvre ces tubes,
parce que la marche des fluides s'opère toujours suivant l'alongement du tissu, et que,

par conséquent, dans le cas dont il s'agit, au lieu de se porter du centre à la circonférence pour percer l'épiderme, ils doivent nécessairement s'élever de la base au sommet, et être conduits dans les nervures des feuilles auxquelles les faisceaux correspondent. Ces petits tubes, quoique plongés dans le tissu herbacé, et, comme lui, exposés à l'action de la lumière, ne contiennent jamais de substance verte, mais seulement des fluides plus ou moins élaborés.

Le parenchyme présente souvent de grands tubes qui sont simples, c'est-à-dire, formés de membranes sur lesquelles on n'aperçoit ni pores ni fentes. Ces tubes sont très-apparens dans la plupart des plantes de la famille des apocinées, dans les euphorbes, les sapins, les pins, et dans tous les végétaux très-abondans en sucs propres. Comme ce sont ces tubes qui contiennent ces liqueurs élaborées, on leur a donné le nom de vaisseaux propres. Il paroît que le tissu herbacé et le parenchyme remplissent ici les fonctions de corps glanduleux, et qu'ils élaborent les sucs qui pénètrent les grands tubes. Ces vaisseaux se prolongent dans les pétales, et arrivent jusques dans les principales nervures des feuilles, des bractées et des périanthes.

Article V.

*Des couches corticales, du liber et de l'aubier
des dicotyledones ligneuses. Développement
de toutes ces parties.*

Dessous le parenchyme est le liber, qui
produit insensiblement les couches corticales
et l'aubier : les premières augmentent l'épaisseur de l'écorce; le second multiplie les cônes
ligneux. Je vais faire connoître toutes ces
parties : elles ne sont pas distinctes dans la
Nature ; il faut donc les grouper comme
elles se présentent à l'observateur ; mais ce
sujet n'est pas facile à saisir : je prie mes
lecteurs de me prêter quelque attention.

Le liber n'est point un organe parfait ;
puisque le tissu qui le forme est susceptible
de développement et de modification. Il se
reproduit continuellement dans les dicotyledones ligneuses , dont la vie s'étend au
delà d'une année ; on l'observe dans les
racines , les tiges et les branches , entre le
parenchyme et le bois. C'est, en apparence,
des feuillets concentriques distincts, placés
les uns sur les autres, lesquels , étant composés de filets croisés en réseau , sont liés
ensemble par des cellules ou des tubes trans-

versaux, qui pénètrent à travers les mailles.
Les filets ont tous une direction plus ou
moins longitudinale, et les ouvertures des
mailles sont les unes vis-à-vis les autres.
Malpighi compare ces filets à la chaîne d'une
étoffe, et le tissu transversal à la trame.
Duhamel, après avoir fait macérer dans de
l'eau un morceau de tige de tilleul, durant
un tems considérable, parvint à diviser les
couches corticales du liber, et il en conclut
mal à propos que ces couches sont formées,
comme l'apparence semble l'annoncer, de
feuillets minces placés les uns sur les autres.
Ce grand observateur, en tirant cette conséquence, ne faisoit pas attention que l'eau
avoit dû agir comme dissolvant sur les parties qu'il avoit soumises à son action, et que
les soins qu'il s'étoit donnés, n'avoient pu
aboutir qu'à désorganiser le tissu dont il
vouloit observer l'organisation.

Pour connoître la structure du liber, il
faut en examiner l'origine. Je vais entrer
dans quelques détails qui pourront éclaircir
nos recherches.

Duhamel, ayant écorcé un cerisier, vit se
former, à la superficie du bois, de petits
mamelons gélatineux qui, augmentant de
volume insensiblement, se réunirent enfin,

et formèrent une nouvelle écorce, dessous laquelle se développèrent des couches ligneuses, comme il seroit arrivé dessous la première écorce. D'après cette expérience, il est évident que le bois laisse échapper une substance gélatineuse, douée de la propriété de reproduire et de créer des parties organiques. C'est le *cambium* de Duhamel, ou la substance organisatrice. Elle se montre dans le végétal sans que nous puissions deviner comment elle s'y forme, et quel est l'arrangement des élémens qui la composent. Est-ce une extension faite par intussusception, et un développement de parties déjà existantes ? Est-ce, au contraire, une nouvelle création, et le végétal a-t-il simplement modifié la forme et la disposition des élémens ? C'est sur quoi il ne m'appartient pas de prononcer. Quoi qu'il en soit, la substance organisatrice ne se montre qu'à la superficie des cellules très-alongées, de celles qui, par leur nature, sont les premiers agens du mouvement des fluides, et qui, par conséquent, doivent avoir une plus grande force vitale, et une action plus marquée sur l'arrangement et la combinaison des élémens.

Le liber se développe à mesure que l'arbre croît, et il doit son développement à la substance organisatrice qui se dépose entre le parenchyme et le tissu ligneux. Ceci n'est point une hypothèse, c'est un fait dont nous trouvons la preuve, d'une part, dans l'expérience de Duhamel, sur la reproduction de l'écorce et du bois du cerisier, et, de l'autre, dans le phénomène que la Nature présente chaque année, lorsque les fluides ont un mouvement plus marqué, et la végétation plus de vigueur. Dans l'un et l'autre cas, nous voyons le cambium suinter à la superficie du corps ligneux, et se transformer peu à peu en tissu organisé ; mais, dans le premier cas, il reproduit d'abord le tissu herbacé, le parenchyme et l'épiderme qui avoient été enlevés, puis ensuite le liber ; tandis que dans le second, n'ayant point de tissu herbacé, de parenchyme et d'épiderme à former, puisque ces parties n'ont point été détruites, il donne sur le champ naissance au liber. Pour voir ce phénomène avec netteté, il faut se rappeler que tout le végétal, bien qu'il paroisse composé de pièces distinctes, est cependant formé d'un tissu continu. Or il arrive une époque dans l'année où la végétation est extrêmement ralentie : alors le tissu cellulaire, dont le développement est terminé, devient passif, et n'éprouve d'autres changemens que ceux qu'amènent les causes extérieures. Mais les tubes, ayant une tendance continuelle à se resserrer sur eux - mêmes, et à former un tissu plus compacte, ont un mouvement rétrograde vers le centre du végétal, et parviennent insensiblement à se détacher du parenchyme. On peut observer ce mécanisme au printems, lorsque l'écorce, n'adhérant presque plus au bois, s'en sépare avec tant de facilité. L'anatomie du tilleul, du saule, du groselier, du sureau, faite comparativement à différentes époques, montre que cette désunion n'a lieu que parce que le tissu cellulaire du liber se porte vers l'écorce, tandis que le tissu tubulaire de ce même liber se porte vers le bois; delà un tiraillement qui détermine le déchirement du tissu membraneux, et la séparation des cellules et des tubes. A mesure que le déchirement s'opère, le vuide, formé entre l'aubier et le parenchyme, se remplit de la substance organisatrice, qui établit un nouveau lien entre les parties désunies. A cette époque, les fluides, attirés avec force dans le végétal, en remplissent tous les canaux, et dessinent leur cours dans cette substance prompte à s'organiser et à reproduire un nouveau liber.

L 4

Les fluides, poussés de l'extrémité des racines à l'extrémité des branches, ouvrent les tubes longitudinaux, que Malpighi compare à la trame d'une étoffe, et Duhamel à un réseau, et les fluides, qui refluent du centre à la circonférence, forment des tubes transversaux, ou simplement un tissu de cellules égales dans tous les sens, selon qu'ils sont poussés avec force vers la superficie, ou qu'ils tendent simplement à prendre la direction horisontale des fluides abandonnés à eux-mêmes. Ce travail ne se fait que successivement, et se modifie suivant la température et mille autres causes agissant sur la végétation; mais les couches du liber, quoiqu'elles paroissent distinctes à la simple vue, n'en sont pas moins réunies par le tissu cellulaire; et c'est ce que Duhamel ne put juger, parce qu'en laissant macérer son morceau de tilleul, il détruisit le lien interposé entre les feuillets. Il en fut de même quant au tissu qui remplissoit les mailles; Duhamel ne vit point qu'il étoit continu avec les vaisseaux du réseau.

Mais pourquoi, dira-t-on, dans l'expérience de Duhamel, les réseaux des couches sont-ils restés intacts pendant que l'eau détruisoit tout le reste? Cela tient à la nature du tissu. Le réseau est composé de faisceaux de petits tubes simples ou poreux , et plus ou moins dilatés , et le tissu placé entre les feuillets et dans les mailles est un tissu cellulaire plus ou moins alongé : or on a vu , à l'article des organes élémentaires, que l'eau dissout le tissu cellulaire , et n'altère point le tissu tubulaire. Il est donc possible d'enlever et de séparer les feuillets , sans que pour cela ces feuillets soient , dès leur origine , distincts les uns des autres. C'est ainsi qu'en détachant avec adresse les couches corticales du *lagetto*, ou bois dentelle , du tissu qui les unit , on obtient un réseau semblable à de la gaze.

Les couches du liber sont , comme on vient de le voir, composées de deux élémens organiques très – différens : le tissu tubulaire qui forme les réseaux concentriques , et le tissu cellulaire qui remplit leurs mailles et les enchaîne les uns aux autres. Tant que la croissance de l'un et de l'autre tissu n'est point achevée, ils suivent dans leur développement des lois presque opposées. Le tissu tubulaire, à mesure qu'il s'alonge , perd de son épaisseur ; mais le tissu cellulaire se dilate dans tous les sens , et gagne à la fois plus de longueur et plus d'épaisseur. Le premier se retire vers le centre du végétal ; ses faisceaux se redressent, et ses mailles perdent en largeur ce qu'elles gagnent en longueur ; le second, tendant à se dilater, et ne pouvant plus contenir dans les mailles qui le compriment, s'échappe de sa prison, se porte vers la circonférence, entraîne avec lui les couches les plus extérieures du liber, et grossit la masse du parenchyme. La partie du liber, portée à l'extérieur, se dessèche sans prendre d'extension, et produit les couches corticales ; mais les couches intérieures changent peu à peu de nature, s'alongent, se durcissent et se transforment en bois. Ainsi s'opère la désunion des élémens qui composent le liber, et par suite la multiplication des couches ligneuses, et l'accroissement de l'écorce.

Ce qui contribue le plus puissamment à cette désunion et à ces métamorphoses du liber, c'est, sans contredit, les fluides qui d'abord aident à l'alongement des vaisseaux par leur mouvement, puis ensuite à leur endurcissement, en se combinant avec leurs membranes. Le changement des couches du liber en bois ne se fait qu'avec lenteur ; avant d'arriver à ce but, qui est le terme de leur croissance, et l'on peut même dire de leur vie, elles passent par des nuances graduées.

Les couches intérieures du liber se durcissent insensiblement ; elles se pressent vers le centre du végétal, et comme je l'ai déjà dit, perdent en épaisseur en même tems qu'elles gagnent en longueur. Les vaisseaux se redressent, et par conséquent se rapprochent ; leurs mailles se resserrent, et le peu de tissu cellulaire qui les remplit encore, et que l'on connoît sous le nom de rayons médullaires, ne forme plus que des lames très-minces. Il en est de même du tissu cellulaire, souvent interposé entre chaque couche ; à peine en aperçoit-on la trace, tant sont puissans le resserrement et la contraction des feuillets.

Déjà ces couches endurcies ne font plus partie du liber, et cependant ne sont pas encore arrivées à l'état de bois ; c'est cette nuance intermédiaire que l'on désigne sous le nom d'aubier.

Le liber est doué d'une force vitale qui s'exerce dans tous les sens ; c'est en lui que réside éminemment la faculté productrice des végétaux. Il revêt toutes les formes et se porte par-tout où il n'éprouve point de trop fortes résistances; dans ses modifications nombreuses, il n'est arrêté que par les bornes que la Nature impose à chaque espèce ; il s'alonge dans la plantule et produit au jour la petite tige et le premier bourgeon. Si dans l'enfance du végétal les développemens se suivent avec tant de rapidité, c'est que le liber, entouré de parties molles et flexibles, éprouve moins de résistance et qu'il a plus de volume, relativement aux autres parties, qu'il n'en aura jamais. En continuant de s'alonger, il élève la tige et forme le corps ligneux ; il crée les boutons, les branches et les feuilles. Blesse-t-on l'écorce, il se porte vers la plaie et la recouvre d'un bourrelet qui bientôt se convertit en bois; coupe-t-on en travers le tronc ou les branches de l'arbre, ne pouvant plus prendre d'extension en longueur, il se replie sur les côtés et y développe de nouveaux boutons. C'est par le liber que s'opère l'union de la greffe et du sujet; car, dans cette opération où l'homme a vraiment saisi le secret de la Nature, tout l'art consiste à mettre en contact les deux libers, qui, ayant une égale propension à se développer, ne tardent pas à se confondre, à s'unir étroitement, et

n'ont bientôt qu'une seule et même existence (1). Les boutures ne prennent que par
le liber qui produit de nouvelles racines ;

---

(1) *Nota.* Je ne fais point d'article séparé sur la
greffe, parce que ce sujet appartient beaucoup plutôt
à l'agriculture et au jardinage qu'à la physiologie
végétale. Cependant, puisque l'occasion s'en présente,
je vais dire quelques mots de ce moyen artificiel de
perfectionner les végétaux.

La *greffe* est une portion de plante que l'on insère
sur une autre plante, à laquelle on donne le nom de
sujet. Lorsque cette opération est faite avec dexté-
rité et dans le tems convenable, les deux végétaux
s'unissent étroitement et n'en forment plus qu'un.
L'humidité de la terre, attirée par les racines du
sujet, pénètre dans la greffe et la développe. L'humidité de l'atmosphère, pompée par les feuilles de la
greffe, descend dans le sujet et le nourrit. On distingue cinq espèces de greffes ; toutes se réduisent à
mettre en contact les libers des deux plantes qu'on
veut unir.

1°. *La greffe en fente.* On coupe transversalement
la branche ou la tige du sujet : on la fend longitudinalement, puis on taille l'extrémité de la greffe en
forme de coin et on l'introduit dans la fente du sujet,
de façon que les deux libers se touchent.

2°. *La greffe en couronne.* On coupe transversalement la tige ou le tronc du sujet au tems de la
sève ; on taille la greffe en curedent et on l'introduit
entre l'écorce et l'aubier, de manière que l'écorce

mais tout accroissement organique a un terme. L'époque où le liber cesse de se développer arrive, et cet organe, d'abord si

---

ne soit détachée de l'aubier qu'au point où l'on insère la greffe. On peut mettre ainsi plusieurs greffes autour de la tige coupée.

3°. *La greffe en flûte.* On prend au tems de la sève une greffe de même diamètre que le sujet; on enlève un anneau d'écorce de la greffe, et l'on fait attention que cette écorce de rapport soit chargée d'un ou de plusieurs boutons : on recouvre les points de jonction d'une couche de cire pour garantir les libers du contact de l'air.

4°. *La greffe en écusson.* On fend l'écorce du sujet en T ; on détache de la greffe une portion d'écorce garnie d'un bouton; on la taille en écusson et on l'introduit dans la fente, faite au sujet, de manière que les lèvres de cette fente la recouvrent. On lie ensuite le tout avec de la laine. Cette greffe, faite au printems, se développe sur le champ; c'est pour cette raison qu'on la nomme alors *à œil poussant.* Mais, lorsqu'on ne le fait que vers la fin de la saison, le bouton ne s'ouvre qu'au printems suivant : de là le nom de *greffe à œil dormant.*

5°. *La greffe par approche.* On fait une légère entaille à deux arbres très-voisins, de telle sorte qu'en les poussant l'un vers l'autre les plaies se rencontrent. On les fixe dans cette situation; ils ne tardent pas à s'unir. Il n'est pas rare de voir de ces greffes par approche opérées naturellement.

actif, tend vers le repos ; il se change insensiblement en un tissu dur, tenace, compact, immobile, où souvent, à l'aide des meilleurs microscopes, on a peine encore à reconnoître les traces de l'ancienne organisation. Il prend alors le nom de bois.

A mesure qu'une couche de liber se durcit et se change en aubier, il s'en forme une nouvelle, et ces productions successives ne s'arrêtent que lorsque le cambium cesse de se déposer sous l'écorce.

Le changement du liber en aubier et celui de l'aubier en bois, est prouvé par deux belles expériences de Duhamel. Ce physicien détacha d'un prunier un morceau d'écorce revêtu intérieurement des couches du liber ; il l'appliqua sur le bois d'un pêcher dont il avoit enlevé une portion d'écorce, et bientôt la greffe s'opéra. Tout le monde sait que le

---

Pour que la greffe réussisse, il faut que la greffe et le sujet aient beaucoup d'analogie, c'est-à-dire, qu'ils soient de genres voisins ou même d'espèces voisines, et que le tems de la sève et des développemens soit le même dans les deux individus.

Ceux qui voudront connoître plus à fond les détails de ces diverses opérations, dont le but est le même, peuvent consulter la physique des arbres de Duhamel, à l'article *greffe*.

bois du prunier est rouge, et que celui du pêcher est blanc ; or, il se forma insensiblement sous la portion d'écorce étrangère une lame de bois rouge, laquelle étoit évidemment produite par le liber du prunier. La seconde expérience n'est pas moins satisfaisante que celle-ci. Duhamel fit passer des fils d'argent à travers l'écorce d'un arbre en pleine végétation ; quelques fils ne pénétroient que dans l'épaisseur du parenchyme; quelques autres étoient placés dans le liber. Les premiers suivirent le mouvement excentrique de l'écorce et furent constamment repoussés à l'extérieur ; les autres, au contraire, se portèrent vers le centre et furent, après quelques années, recouverts de plusieurs couches de bois.

Duhamel conclut de ces faits que l'écorce produit le liber, l'aubier et le bois, et je pense, au contraire, que l'aubier et le bois, en donnant naissance au cambium, produisent le liber, et par conséquent le tissu cellulaire et le tissu tubulaire, qui, venant à être désunis par le mécanisme singulier que j'ai expliqué précédemment, forment d'une part l'écorce, et de l'autre le bois : d'où il suit que le tissu tubulaire est en effet l'organe créateur. C'étoit le sentiment de

Hales,

Hales, que le bois forme le liber et l'écorce, et toutes mes observations anatomiques m'ont donné le même résultat. Ce que je dirai bientôt des monocotyledones servira encore à confirmer cette opinion; car, dans cette classe, il est évident que ce sont les filets ligneux qui produisent le cambium, lequel passe incessamment à l'état de bois et de parenchyme. Il n'est pas probable que, dans des êtres analogues, et pour arriver à des résultats semblables, la Nature emploie des moyens différens.

A r t i c l e V I.

Organisation et développement du bois des dicotyledones ligneuses.

Ainsi donc les causes qui changent le liber en aubier, continuant d'avoir leur influence sur le végétal, les couches de l'aubier se transforment en bois. C'est le terme de leur développement et la dernière époque de leur vie. Elles ont passé par toutes les nuances possibles d'une extrême fluidité à une solidité qui quelquefois égale presque celle du fer. Dans ce dernier dégré de dureté, le bois est plus semblable à la matière brute qu'à la matière organisée : l'action qu'il exerce encore sur les fluides est purement mécanique et dépend de la forme du tissu; il n'y a plus ni mouvement interne, ni force vitale, tout tend vers le repos. Dans le cercle de son existence, le bois offre le tableau que présentent tous les êtres organisés : il a eu, comme eux, un commencement foible, ensuite est venue l'époque des développemens, puis il a cessé de croître sans cesser de vivre, et, en produisant le cambium, il a en quelque façon créé sa postérité; enfin la puissance génératrice cesse, et la vieillesse arrive. Le bois ne végète plus; la vie, chassée du centre, reflue à la circonférence, et cet énorme faisceau de tubes endurcis, qui forme les couches ligneuses d'un chène de cent ans, n'est plus qu'une masse inerte, recouverte de parties jeunes et fécondes.

Le tissu tubulaire est beaucoup plus alongé dans le bois que dans l'aubier; les vaisseaux y sont plus droits, plus serrés, plus étroits; leur adhérence est plus grande; leurs membranes sont moins diaphanes et probablement plus solides; leurs pores, ordinairement très-nombreux, sont bordés d'un bourrelet épais. On remarque souvent dans ce tissu de grands tubes longitudinaux, quelquefois placés avec symétrie, mais habituellement répandus çà et là sans aucun ordre. Ce sont des tubes poreux et des fausses trachées dont la grandeur assez considérable est due sans doute au retrait des parties environnantes; cela est d'autant plus probable que ces grands tubes sont ordinairement beaucoup moins apparens dans l'aubier, où les petits tubes sont infiniment plus dilatés. Quelques auteurs ont dit qu'il existoit des trachées dans l'intérieur du bois; je n'en ai jamais trouvé, quoique je les aie cherchées avec beaucoup de persévérance et d'attention.

Le bois se dépose par couches successives et concentriques; sa dureté est d'autant plus grande qu'il est plus ancien, en sorte que les couches internes, formées les premières, sont plus dures que les externes, qui sont de nouvelle création. La température et mille circonstances locales avancent ou retardent cette stratification; et, quoique la succession non interrompue des étés et des hyvers soit la cause la plus efficiente, cependant on se tromperoit si l'on croyoit, avec les anciens auteurs, que l'on peut compter le nombre des années d'un arbre par le nombre de ses couches ligneuses; puisque, selon l'observa-

M 2

tion de Duhamel, tel arbre ne produira pas une seule couche durant toute une année, et en produira plusieurs dans une autre. Si la Nature ne prenoit aucun repos et travailloit sans interruption à la formation du bois, comme cela paroît avoir lieu dans quelques végétaux très-durs ou très-moux, toute la masse formeroit un tissu homogène et continu, dans lequel on ne remarqueroit point ces zones concentriques qu'on observe sur la coupe transversale de la plupart de nos bois. Mais ce cas est rare. D'ordinaire il est des époques dans l'année où les développemens se ralentissent; le travail qui se fait alors est moins parfait; des couches d'un tissu plus mou indiquent le repos de la Nature. S'il se présente, comme il arrive quelquefois, un été sans chaleur suivi d'un hyver tiède, tout le tissu, développé dans cette année, ne formera point de couche ligneuse parfaite; et, au contraire, si l'année est soumise à de fréquens retours de chaleur et de froid, le tissu développé alors conservera les traces de ces variations dans un nombre égal de zones alternativement plus solides et plus molles. D'autres combinaisons dans la température et dans les circonstances locales peuvent produire les mêmes résultats ; mais, dans tous les cas, on voit que l'on jugeroit mal de la durée d'un arbre par le nombre de ses couches ligneuses.

On ne s'étonnera pas, d'après ce que nous venons de dire, que la dureté du tissu ligneux dépende, dans les individus d'une même espèce, de la nature du terrain, de l'exposition, etc.

En général les arbres développés dans des terres humides ont un bois moins dur que ceux qui croissent dans des terres sèches. Indépendamment de ces causes, il en est de plus particulières qui modifient les couches ligneuses d'un même individu ; tels sont les froids excessifs qui agissent sur l'aubier si puissamment qu'ils le désorganisent et le rendent pour jamais incapable de se transformer en vrai bois. Ces couches imparfaites, recouvertes, par succession de tems, d'un bois plus compacte et plus solide, ne changent point de nature, et restent dans l'état où le froid les a surprises. C'est ce mauvais bois que l'on appelle *faux aubier*. Quelquefois la gelée n'attaque qu'un côté des couches de l'aubier ; cette partie désorganisée se trouve par la suite enclavée dans la masse du tissu et y semble étrangère. On nomme cet accident *gélivure entrelardée*.

Non seulement les couches ne sont pas également épaisses entre elles, mais encore la même couche est souvent plus épaisse d'un côté que d'un autre ; lorsque cette différence est marquée dans toutes, les zones qu'elles forment sont excentrices. Ce phénomène est commun parce que les causes qui le produisent se rencontrent fréquemment. Qu'une veine de bonne terre développe une racine plus grosse que les autres ; qu'une exposition favorable fasse croître une branche plus vigoureuse ; que le tronc et les branches soient exposés d'un seul côté au contact de l'air et de la lumière ; en un mot, qu'une cause quelconque porte dans une partie du végétal des sucs plus abondans et plus élaborés, cette partie aura une végétation plus vigoureuse, et les couches seront visiblement plus épaisses de ce côté. On a remarqué que les arbres placés sur la lisière des forêts avoient leurs couches ligneuses plus épaisses dans toute la partie exposée au grand air.

Quant à la différence qu'on observe entre le bois des diverses espèces d'arbres, elle dépend évidemment de la nature des membranes et de leur organisation particulière. Les végétaux sont d'autant plus durs et plus pesans que la combinaison des résines avec leurs membranes est plus intime; que le diamètre de leurs tubes est moins grand et que leurs parois longitudinales sont plus rapprochées, parce qu'alors le nombre des tubes est plus considérable dans un espace donné, et que les membranes sont plus solides. Mais l'alongement du tissu tubulaire exige beaucoup de tems; aussi voit-on que les bois durs et pesans, tels que celui du buis, du chêne, du gayac, croissent très-lentement, tandis que les bois tendres et légers, tels que le platane et le saule, dont les petits tubes ont un plus grand diamètre, viennent avec une rapidité surprenante.

Il ne suffit pas, pour que le bois acquière une grande consistance, que l'arbre soit très-résineux par sa nature, il faut encore que la résine pénètre, développe et fortifie le tissu. Cela explique comment le sapin, si résineux, n'a qu'un tissu foible et lâche, tandis que le buis et le chêne, qui ne contiennent qu'une petite quantité de résine, ont un bois si dur et si tenace. Au reste, tous ces faits sont loin de nous apprendre pourquoi le tissu de tel arbre possède à un plus haut dégré que celui de tel autre, la propriété de se multiplier, de croître et de durcir. La cause première de ces différences est étroitement liée au mystère de l'organisation qui, sans doute, nous sera éternellement inconnu.

ARTICLE VII.

Organisation et développement des rayons médullaires des dicotyledones ligneuses.

L'anatomie de la graine prouve que les grands tubes sont les premiers vaisseaux formés dans l'embryon, et cela s'accorde parfaitement avec ce qui a été dit précédemment de l'action des fluides sur le cambium ; car, en admettant que le mouvement des fluides ait contribué à la formation des vaisseaux, il est dans l'ordre des choses que les grands tubes aient été ouverts les premiers, puisque leur disposition, leur longueur et la grandeur de leur calibre exigeoient qu'ils n'éprouvassent aucune résistance à l'époque de leur formation, ce qui ne seroit pas vrai si le tissu cellulaire eût été formé auparavant. Aussitôt que les grands tubes auront été ouverts, les fluides se seront répandus dans le cambium et y auront déterminé la formation des cellules. Les fluides, contenus dans la partie du tissu

cellulaire placée entre les mailles de la première couche du liber naissant, pressée par
les faisceaux de tubes longitudinaux tendant
insensiblement à se rapprocher, auront reflué
vers la circonférence, et, par cet effort,
les cellules se seront alongées dans cette
direction; les autres couches du liber se
formant, les mêmes causes auront amené
les mêmes résultats, et l'on aura eu, par
cette raison, des cellules alongées, ou même
des tubes disposés par faisceaux du centre
à la circonférence. Voilà ces rayons qui
paroissent sur la coupe horisontale des tiges,
comme les lignes horaires d'un cadran, et
auxquels on a donné le nom de prolongement ou de rayons médullaires. Cet organe
est composé de cellules ou de tubes criblés
de pores; il communique directement avec
les vaisseaux longitudinaux, et s'étend depuis la moëlle jusqu'au parenchyme. Il y a
cependant des demi-rayons, des quarts de
rayons, etc.; cela vient de ce que les mailles
des couches superposées les unes aux autres,
ne sont pas toujours parfaitement correspon-
dantes. Plusieurs inductions, tirées de la
nature des vaisseaux qui composent les
rayons, ne laissent point de doute sur l'usage
de ces organes; ils conduisent les fluides du

centre à la circonférence, et les ramènent de la circonférence au centre. Par ces mouvemens continuels, les sucs, plus élaborés et répandus dans toutes les parties de la tige, les nourrissent et les développent ; le tissu tubulaire, les recevant des rayons, les porte jusqu'aux extrémités du végétal, et toutes les parties prennent plus de vigueur et d'accroissement. Mais souvent les rayons, pressés par le bois dont les couches portées vers le centre s'alongent et se durcissent sans cesse, n'offrent enfin, dans une partie de leur longueur, que des lames minces, incapables de servir de canaux aux fluides.

ARTICLE VIII.

Organisation et développement de l'étui tubulaire dans les dicotyledones.

Entre le bois et la moëlle est placé l'étui tubulaire. Il est composé de grands vaisseaux longitudinaux rangés circulairement autour de la moëlle ; ce sont d'ordinaire des trachées et des fausses trachées unies par un tissu cellulaire plus ou moins alongé. Ces tubes sont les premiers que les fluides aient ouverts dans le cambium ; je les ai vus au centre de l'embryon fécondé, avant d'y pouvoir reconnoître la plus légère trace de tissu cellulaire. Ils ont une communication directe avec les grosses racines et les grosses branches, et servent à conduire les fluides dans le centre du végétal, comme le démontrent les belles expériences de Coulomb qui, dès l'instant qu'il reconnut que l'ascension de la sève se fait au voisinage de la moëlle, soupçonna l'existence de ces grands tubes. Ils déposent, au centre du végétal, un cambium, lequel produit un liber intérieur qui tôt ou tard se convertit en bois dans la plupart des arbres, et fait disparoître le canal médullaire, et jusqu'à la trace du tissu qui le remplissoit. Ce liber, au lieu de se développer comme le liber extérieur du centre à la circonférence, se développe de la circonférence au centre; et tandis que dans le premier, les cylindres les plus récens ont toujours un plus grand diamètre, dans le second au contraire, les nouveaux cylindres sont les plus voisins de l'axe; mais dans ce cas ils ne sont pas distincts les uns des autres, et ce n'est qu'une masse qui va croissant de la circonférence au centre.

La substance verte, qui remplit quelquefois ce tissu, me paroît y avoir été conduite du tissu herbacé par les rayons médullaires, ou des feuilles par les grands vaisseaux. Peut-être aussi, quand on connoîtra mieux la chimie des végétaux, tombera-t-on d'accord que cette substance peut se former sans le contact immédiat de la lumière, comme on est tenté de le croire d'après les expériences d'Humbolt (1).

ARTICLE IX.

Organisation et développement de la moëlle des dicotyledones.

La moëlle est la seule partie de la tige des dicotyledones qui nous reste à examiner.

____

(1) *Nota.* Ce savant a vu un lichen très-verd et d'une grandeur remarquable, dans des souterrains où la lumière ne pénétroit pas. Il a élevé dans ces mêmes souterrains des *crocus* dont la fleur s'est parfaitement colorée. Il y a placé le *geranium odoratissimum* L. et les mousses connues sous le nom de *barbula ruralis* et *neckera viticulosa* Hedw. Toutes ces plantes ont continué de végéter, et leur couleur verte s'est soutenue. Ces souterrains étoient remplis d'hydrogène à tel point que ce gaz éteignoit la flamme d'une chandelle et affectoit gravement les poumons. Ces expériences, jointes à plusieurs autres, ont fait penser à Humbolt que l'hydrogène sans lumière, mais accompagné de chaleur et d'un peu d'oxigène, suffit pour la végétation.

Elle est formée d'un tissu lâche de grandes cellules à diamètre égal dans tous les sens ; elle présente un cylindre central renfermé dans l'anneau tubulaire comme dans un étui. Pour ne pas m'écarter du plan que je me suis tracé, je ne parlerai encore cette fois que des dicotyledones. La moëlle n'est pas toujours un organe simple ; on y trouve quelquefois des tubes longitudinaux, et même des faisceaux de tissu tubulaire, comme je l'ai observé dans plusieurs végétaux herbacés, et particulièrement dans la belle de nuit. Ces faisceaux ressemblent absolument aux filets ligneux des monocotyledones. Le tissu cellulaire est quelquefois coloré ; mais plus souvent il est blanchâtre, ou plutôt, ses membranes sont absolument transparentes et sans couleur.

Dans la première enfance du végétal, la moëlle occupe peu de place, puis elle se dilate, et elle offre un cylindre plus considérable ; ensuite les parties solides opposent de la résistance, se multiplient et comblent enfin le canal médullaire.

Les cellules de la moëlle ne contiennent de fluides que lorsque toutes les parties en sont abreuvées ; ordinairement elles sont vuides. C'est la portion la plus foible et la plus fragile de toute la tige, et c'est aussi dans son tissu que s'ouvrent les lacunes, qui se montrent dans quelques végétaux à deux cotyledons. Les déchiremens donnent quelquefois à la moëlle une forme singulière. Dans le noyer, par exemple, elle s'ouvre horisontalemeut de distance en distance, et se refoulant sur elle-même, elle ne paroît plus qu'une suite de petits diaphragmes membraneux, placés les uns au dessus des autres, le long d'un canal cylindrique. Le même phénomène a lieu dans le *phytolacca*. Dans le chardon, elle se déchire longitudinalement, et forme, dans toute la longueur de la tige une lacune non interrompue ; la partie de la moëlle restée intacte, présente alors une lame de tissu cellulaire, recouvrant toute la superficie interne de l'étui tubulaire.

La masse du tissu médullaire varie suivant les diverses espèces de végétaux, à la même époque de la vie ; ainsi elle est beaucoup plus considérable dans le sureau que dans le chêne, le gayac ou le buis. Ce n'est qu'au bout d'un très-long tems qu'elle disparoît dans le premier, et dans les autres, au contraire, elle n'a qu'un moment d'existence. Elle communique avec toutes les parties par le moyen des rayons médullaires, jusqu'à l'époque où ceux-ci, pressés par les mailles devenues insensiblement plus étroites, n'offrent plus aucune ouverture.

C'est sans doute alors que les fluides, aspirés par les vaisseaux de l'étui tubulaire, ne trouvant plus d'issue facile pour se porter vers la circonférence, contribuent puissamment à créer le cambium interne, et à combler le canal médullaire. Il paroît hors de doute que, dans cette opération, la moëlle éprouve une véritable métamorphose, et que ses cellules se transforment en petits tubes alongés. Comment expliquer autrement sa disparition totale? Il est vrai qu'il n'est guère plus facile de dire comment un tissu, qui semble être arrivé à son dernier dégré de développement, peut se ramollir, et même se dissoudre pour en former un autre; mais cette difficulté n'empêche pas que nous ne soyons dans la nécessité de reconnoître que la métamorphose a lieu. D'ailleurs, l'expérience prouve que le tissu cellulaire est dissoluble dans l'eau.

On ne peut se dissimuler que la Nature n'ait eu un but en formant quelque organe que ce soit; mais, de ce qu'un organe a été utile ou même nécessaire à telle époque de la vie d'un être, il ne s'en suit pas qu'il doive l'être toujours. Cette réflexion est applicable au tissu médullaire. Hales s'est évidemment trompé en attribuant à cet organe la puissance qui donne à toutes les parties le développement et la vie. Selon lui, la moëlle presse d'autant plus fortement les parois qui l'environnent, qu'elle est plus comprimée; ne pouvant faire éclater les cônes ligneux, elle se glisse dans leurs moindres vuides, pénètre dans les mailles des réseaux, et, entraînant avec elle des faisceaux de fibres, elle les force de s'écarter du faisceau principal pour former des branches, des feuilles, des fleurs et des fruits; les nœuds développés dans l'arbre sont des arc-boutans contre lesquels s'appuie ce puissant mobile de toutes les productions végétales; les cloisons et les diaphragmes, qui composent le canal médullaire, ont été ménagés par la Nature pour arrêter la dilatation trop grande de cet organe, etc. Ce système est ingénieux, mais il ne s'accorde pas avec les observations. La moëlle, loin d'agir aussi puissamment que Hales le croit, cède au moindre obstacle; en peu de tems le tissu ligneux lui oppose une résistance plus que suffisante pour neutraliser ses efforts. Beaucoup d'arbres sont

pleins

pleins de vie, et cependant n'ont point de moëlle : les saules creux ne cessent pas de produire de nouveaux rejetons, et si le tissu médullaire a la propriété que Hales lui suppose, on doit penser qu'elle ne s'exerce que sur les parties molles qui sont dans leur première croissance.

L'opinion de Linnæus n'est pas mieux fondée. Il dit que la vie du végétal dépend tellement de l'existence de la moëlle, que la destruction de celle-ci doit, de toute nécessité, entraîner la mort de l'individu; mais une multitude de faits et d'expériences prouvent que les arbres, privés de leur moëlle, ne cessent pas de végéter.

La moëlle, ce me semble, n'a d'action que dans les premiers momens de la végétation ; alors, gonflée par les fluides qui la pénètrent, et se dilatant dans toutes les dimensions, elle fait effort contre des parties molles, incapables d'opposer de la résistance : aussi voit - on d'abord le canal médullaire s'aggrandir et les cellules se glisser dans les mailles du liber naissant, pour former les rayons médullaires ; mais ensuite le liber se transforme en bois, ses vaisseaux se roidissent, ses mailles s'alongent, et le diamètre du canal médullaire devient de jour en jour plus petit ; enfin , le liber intérieur se développe et la moëlle disparoît totalement.

A R T I C L E X.

Observations sur tout ce qui a été exposé précédemment.

Ici se termine ce que j'avois à dire de plus général sur l'organisation des tiges des dicotyledones ligneuses. Dans ce travail , forcé de procéder par l'analyse , j'ai présenté successivement des objets qui s'offrent tous à la fois aux regards de l'observateur , et j'ai examiné séparément des parties que la Nature n'a point séparées : on se tromperoit donc si l'on regardoit comme des organes distincts les diverses modifications de l'organisation végétale : toutes les parties sont étroitement unies et ne forment qu'un seul et même tissu. Les réseaux du liber , de l'aubier et du bois communiquent entre eux par une multitude de faisceaux tubulaires , croisés et anastomosés de telle sorte , que , s'il étoit possible d'écarter tous ces feuillets et de les étendre , sans cependant rompre les vaisseaux de communication , de quelque manière et sous quelque point de vue qu'on observât cet admirable tissu , il ne présenteroit qu'un immense filet dont le travail surpasseroit tout ce qu'on peut imaginer de plus parfait. Mais le tissu cellulaire, dont les mailles sont remplies, n'est lui-même qu'une continuité du réseau qu'il unit, et il forme ces rayons vasculaires qui, s'étendant du centre à la circonférence, s'attachent à la moëlle par l'une de leurs extrémités, et au parenchyme par l'autre extrémité. Enfin, le tissu herbacé n'est autre chose que la continuité du parenchyme masquée par une substance étrangère; et l'épiderme, qui recouvre toute la superficie du végétal, est formé, comme on l'a vu dans la description des organes élémentaires, par les parois extérieures des cellules et des tubes.

Cette union de toutes les parties explique comment les fluides passent si facilement des unes dans les autres, et comment la succion d'une seule peut servir à la nutrition de toutes.

Si je voulois maintenant m'étendre sur les détails de l'organisation, mon travail n'auroit point de terme. Je me contenterai de dire que le tissu varie dans chaque espèce, et que les modifications que j'ai indiquées n'existent point dans toutes; ainsi, quelques-unes n'ont point de couches corticales, et d'autres n'ont point d'étui tubulaire bien distinct; dans certaines le liber se convertit en bois sans offrir d'une manière sensible les couches de l'aubier; dans beaucoup, le bois, ne prenant jamais de consistance, n'est en effet qu'un véritable aubier, etc. etc. Il me reste néanmoins quelques détails à donner sur les dicotyledones herbacées; je n'ai traité jusqu'à présent que des plantes ligneuses; je dois examiner en quoi les herbes en diffèrent. Il ne s'agit point ici de rechercher des causes dont l'intelligence passe la force de l'esprit humain; il s'agit d'indiquer quelques faits matériels et sensibles, et de les rattacher aux faits généraux, établis précédemment.

A R T I C L E X I.

Organisation et développement des tiges des plantes dicotyledones herbacées.

Un arbre de plusieurs années est en quelque façon une suite de végétaux annuels entés les uns sur les autres. Le premier cône ligneux ne végète plus quand le second, le troisième ou le quatrième commence à se développer; ceux-ci cessent également de prendre de l'accroissement et d'avoir une action vitale, quand ils sont recouverts de nouvelles couches de liber ou d'aubier, et ainsi successivement, jusqu'à ce que la production du cambium n'ayant plus lieu, l'arbre tende vers sa destruction.

On doit donc considérer le bois parfait comme une partie morte. S'il ne produisoit pas de cambium avant de se durcir, il est évident que la plante périroit. C'est précisément ce qui arrive aux plantes herbacées: elles périssent la première année, parce qu'elles n'ont pas, comme les arbres, assez de vigueur pour créer un cambium qui végète la seconde année, et que leur tissu, dans un laps de tems très-court, perd la propriété de s'accroître. A sa naissance, la tige d'une herbe, pourvue de deux feuilles séminales, offre l'épiderme, le tissu coloré, le parenchyme, l'étui tubulaire et la moëlle. Les fluides, portés dans l'étui tubulaire, donnent naissance au cambium, lequel, déposé autour des grands tubes, se transforme insensiblement en liber: c'est l'époque des développemens et la jeunesse de la plante. Les branches, les feuilles, les boutons de fleurs se montrent; les organes, qui n'ont de rapport qu'à la conservation de l'individu, arrivent insensiblement à leur perfection ; enfin , les périanthes s'épanouissent et les organes générateurs travaillent à la reproduction de l'espèce. Mais ces grands phénomènes , qui n'ont lieu que successivement pour chaque partie de la plante, se montrent souvent tous ensemble sur le même individu dans des parties différentes : ainsi, d'ordinaire la tige cesse de croître quand les rameaux commencent à s'alonger , et quelquefois un rameau est chargé de fruits lorsqu'un autre ne porte que des boutons ; car , dans les végétaux l'individu entier , n'étant point formé au même instant comme dans les animaux parfaits , mais chaque partie ne naissant que successivement , il en résulte que les plus anciennes sont dans un état de vieillesse lorsque les autres arrivent à la vie ; en sorte que le même individu réunit souvent les caractères de tous les âges ; tandis que , dans les animaux parfaits , toutes les parties, recevant l'existence à la même époque, ou du moins à des époques très-rapprochées , se développent , se fortifient , vieillissent et dépérissent en même tems. Ce point de vue n'est pas d'une médiocre importance dans les considérations générales sur le règne organique ; mais l'examen des conséquences nous entraîneroit trop loin : je reviens à mon sujet.

A mesure que les fleurs se développent, la couche du liber se convertit en aubier : l'aubier se change en bois quand les fleurs font place aux fruits. Ce moment est pour l'arbre le terme de l'alongement de la couche annuelle, et pour l'herbe c'est le terme de la vie ; car cette couche de liber, dont toute la croissance s'est opérée dans une année, n'en produit pas une seconde, et l'individu, semblable à cet égard à tous les êtres organisés, ne pouvant plus se développer, doit tendre vers sa fin. Cependant le climat ou la culture prolonge quelquefois la vie des végétaux. Une plante n'est qu'une herbe annuelle sous tel dégré de latitude, et sous tel autre, elle vit plusieurs années. La culture peut aussi prolonger l'existence des herbes, en retardant l'époque de la fécondation, parce que cet acte, qui assure la conservation de l'espèce, épuise les individus. On a vu, la plus magnifique des plantes herbacées, le bananier originaire des grandes Indes, végéter durant un siècle dans les jardins de la Hollande, et l'on sait que dans son pays natal il ne vit qu'une année ; mais, en Hollande, il ne fleurissoit point, ou, s'il venoit à produire une fleur, il périssoit bientôt; tandis que, dans les Indes, il donne, peu de mois après sa naissance, des fleurs et des fruits.

Decandolle a vu un pied d'œillet, qu'une culture soignée avoit transformé en un arbrisseau. On pourroit citer cent faits analogues, qui tous montrent les rapports des herbes et des plantes ligneuses, et prouvent que la seule différence essentielle des herbes et des arbres consiste dans la propriété qu'ont ces derniers, de reproduire chaque année un nouveau liber; encore cette propriété n'appartient-elle pas si exclusivement aux arbres qu'on ne puisse, à force de soins, la donner à une herbe, comme on y étoit parvenu, en élevant le pied d'œillet dont parle Decandolle. A cet égard, comme à beaucoup d'autres, nous ignorons jusqu'où peut aller notre puissance, et ce n'est que par des expériences multipliées que nous en connoîtrons les ressources.

SECONDE PARTIE.

Des tiges des plantes monocotyledones.

ARTICLE PREMIER.

Définition des différentes espèces de tiges monocotyledones (1).

La Nature a donné aux plantes mono-cotyledones une physionomie, telle qu'à la première vue il est aisé de les distinguer des plantes dicotyledones. Cette physionomie ne consiste pas dans un seul trait imprimé sur toutes les espèces, mais elle résulte de plusieurs caractères, tantôt réunis, tantôt isolés, qui ne peuvent échapper à quiconque a l'habitude d'observer. Il est plus facile de reconnoître ces caractères en les jugeant soi-même sur les individus, que de

____

(1) Avant d'entreprendre ce travail, j'ai lu avec attention le Mémoire de Desfontaines ; il sera facile de voir que ses observations ont éclairé, et en quelque façon dominé les miennes.

les exprimer par des mots. En général, les tiges des monocotyledones ne ressemblent point à celles des dicotyledones, ni par l'organisation intérieure, ni par l'aspect extérieur. Ne pouvant fixer ces différences par une simple définition, je vais tâcher de les indiquer, en entrant dans les détails.

Nous pouvons distinguer cinq espèces de tiges dans les monocotyledones : 1° la hampe; 2° la tige en gaînes; 3° le chaume; 4° le stipe; 5° la tige proprement dite.

La hampe s'élève du milieu d'un faisceau de feuilles inférieures, formant à leur base des gaînes enfermées les unes dans les autres, de manière que la feuille la plus extérieure les recouvre toutes. La hampe, située au centre, est elle-même enveloppée à sa base; elle est dépourvue de feuilles dans sa longueur, ou du moins, si elle en porte quelques-unes, elles n'ont ni la grandeur ni l'aspect des autres. Cette tige se ramifie quelquefois à son sommet, où sont attachées les fleurs; mais elle est toujours simple à sa partie inférieure. La plupart des plantes monocotyledones à feuilles radicales, c'est-à-dire, à feuilles partant de la racine, ont des hampes, telles sont la scille, la jacinthe, la tubéreuse; cependant la tige de cette der-

nière est déjà garnie de quelques feuilles imparfaites, et, pour parler rigoureusement
la langue des botanistes, on ne doit point lui
donner le nom de hampe, mais celui de tige.

Les tiges en gaînes sont simples, verticales,
couronnées à leur sommet d'un faisceau de
feuilles, du centre desquelles s'échappe le
péduncule des fleurs. Ce sont les bases des
feuilles qui forment cette tige en s'appliquant
les unes sur les autres : telle est celle des
bananiers, de plusieurs arum, etc.

Les chaumes sont ordinairement redressés,
coupés de distance en distance par des nœuds
saillans d'où naissent des feuilles engaînantes,
et quelquefois des rameaux. Les fleurs, toujours aux sommités, sont disposées en épis :
tels sont le bled, la canne à sucre, et toutes
les autres plantes graminées.

Le stipe est vertical et couronné d'un
faisceau de feuilles comme la tige en gaînes,
mais il ne peut, comme elle, être divisé en
feuillets concentriques ; toutes ses parties
sont étroitement unies : telle est la tige des
palmiers.

Enfin viennent les tiges proprement dites :
celles-ci sont minces, foibles, flexibles et
presque toujours elles s'entortillent étroitement autour des corps qu'elles rencontrent,

ou rampent à la surface de la terre, ne pouvant s'élever sans appui : tel est le tamnus.

ARTICLE II.

Organisation et développement des tiges des monocotyledones considérées en général.— Parallèle entre les tiges des monocotyledones et celles des dicotyledones.

Prenons quelques tiges de plantes monocotyledones à différentes époques de leur vie ; examinons leur organisation intérieure, d'abord à l'œil nu, puis avec le microscope, et décrivons les caractères qu'elles nous présentent.

L'écorce est rarement distincte du reste de la tige, ou, pour mieux dire, il y a rarement une écorce. L'épiderme et le tissu herbacé sont absolument tels que dans les dicotyledones. Le bois est divisé en petits filets longitudinaux, distribués çà et là dans une masse de tissu cellulaire, à laquelle je donne le nom de *parenchyme*, parce qu'elle représente ici le paremchyme des dicotyledones. Il n'y a pas, comme dans ces dernières, d'étui tubulaire central, de couches corticales, de feuillets de liber, d'aubier, et de bois superposés les uns aux autres en lames concentriques, de rayons médullaires s'étendant du centre à la circonférence. Tout le tissu a un alongement marqué de la base du végétal à son sommet. Une cause très-simple, mais très - importante par ses résultats, produit ces différences. Les grands tubes, au lieu de former, dans le cambium de la graine, un anneau de vaisseaux à égale distance de la circonférence, sont épars et sans aucun ordre régulier. Ils deviennent ainsi de petits centres distincts, autour desquels se dépose le cambium, et se développent le tissu tubulaire et le tissu cellulaire. A la vérité, ces grands tubes se réunissent de distance en distance, et forment un réseau comme dans les dicotyledones, mais les mailles en sont si larges, qu'elles ne pressent pas le tissu cellulaire, qui s'alonge dans la direction du mouvement des fluides, c'est-à-dire, de la base du végétal à son sommet.

Les grands tubes sont ou des trachées, ou des fausses trachées, ou des tubes poreux, ou des tubes mixtes. Ils sont ordinairement placés au centre des filets ligneux, et quelquefois à leur circonférence. Le cambium, déposé à la superficie de chaque filet, se développe en tissu cellulaire et en tissu tubulaire. Le tissu tubulaire forme d'abord un bois très-poreux, ou, si l'on veut, une espèce d'aubier; puis insensiblement il se resserre, s'alonge et se transforme en bois parfait. En se resserrant, il se détache du parenchyme, et laisse une lacune bientôt remplie par un nouveau cambium.

Le tissu cellulaire, formé en même tems que le tissu tubulaire, ne présente d'abord que des cellules extrêmement petites; mais peu à peu elles se dilatent dans tous les sens, et, se portant en avant, elles vont grossir la masse du parenchyme. Ainsi l'un et l'autre tissu se multiplient, et la densité du végétal augmente. On doit remarquer que la production organique, qui se fait autour de chaque filet ligneux, suit, à peu de chose près, les mêmes lois que celle qui se fait autour de l'étui tubulaire des dicotyledones; en sorte qu'on pourroit considérer chaque filet d'une tige de monocotyledone, comme un petit végétal, ayant une croissance jusqu'à un certain point, indépendante de celle des autres filets. Dans les monocotyledones herbacées, le cambium ne se reproduisant pas, la croissance est bientôt arrêtée, et le végétal périt. Dans les monocotyledones ligneuses, toutes les parties dures, distinctes les unes des autres, acquérant en même

tems un plus grand volume, ou se multipliant, pressent et compriment d'abord
le tissu cellulaire, puis enfin deviennent
elles-mêmes un obstacle à leur propre développement.

Pour bien concevoir la croissance et le
développement des monocotyledones, met-
tons en parallèle ces végétaux, et ceux que
la Nature a pourvus de deux cotyledons.
Dans ces derniers, les feuillets ligneux du
centre sont les plus anciens et par conséquent
les plus durs, et le tissu est d'autant plus
mou, qu'il est plus rapproché de la circonférence, parce qu'alors il est plus récent et
moins développé. Dans les monocotyledones,
les filets ligneux du centre et de la circonférence seroient également durs, puisque
leur formation s'opère à la même époque,
si tout étoit égal d'ailleurs; mais l'air, la lumière, la chaleur, agissant sur le végétal,
hâtent l'endurcissement, l'épaississement et
la multiplication des filets extérieurs, tandis
que les filets intérieurs ne se développent
et ne se durcissent qu'à la longue; d'où il
résulte que les filets du centre sont plus
mous, plus foibles, moins nombreux que
ceux de la circonférence, et qu'ils conservent
long-tems encore la propriété de se déve-

lopper quand les autres l'ont absolument
perdue. Ainsi, dans les dicotyledones, l'endurcissement du bois a lieu au centre, tandis
que la circonférence continue de s'étendre
et de s'accroître; et dans les monocotyledones
c'est le bois de la circonférence qui cesse de
croître d'abord, et celui du centre qui continue de végéter. Cette différence en amène
une autre plus évidente; c'est qu'en général
les tiges des monocotyledones prennent peu
d'épaisseur. La nouvelle couche des dicotyledones se dilate en même tems dans toute
son étendue, et ne pouvant agir sur le centre
trop solide pour céder, réagit vers la circonférence et presse l'écorce dont le tissu
foible s'écarte facilement. Il n'en est pas de
même des monocotyledones : leur organisation différente amène des résultats tout à
fait opposés; les filets ligneux, étant répandus
çà et là dans le corps de la tige, n'ont pas
de mouvement uniforme d'accroissement :
les puissances sont séparées; elles réagissent
souvent les unes contre les autres et se neu-
tralisent; la superficie se durcit; elle retient
les parties intérieures, et s'oppose enfin à
l'épaississement de la tige : alors, si le végétal a une grande force de développement,
les filets du centre s'alongent à proportion

tion de la résistance qu'ils éprouvent à la circonférence. Ceci explique la foiblesse et la débilité des tiges des *diascorea*, des *ubium* et de toutes les monocotyledones grimpantes.

ARTICLE III.

Organisation et développement du stipe.

On demandera cependant comment il se fait que les palmiers, les *dracena*, les *yuca*, les aloès, plantes à une seule feuille séminale, présentent des espèces dont la tige est si forte et si vigoureuse. On va voir que cela s'explique facilement.

La tige des palmiers, des *dracena*, etc., est verticale, droite, cylindrique, surmontée d'un faisceau de feuilles disposées en couronne et marquée de cicatrices en spirale, lesquelles ne sont que les anciennes attaches des pétioles. Cette tige est quelquefois très-épaisse, mais son organisation ne diffère en rien des monocotyledones les mieux caractérisées : il n'y a point de couches concentriques, point de rayons ni de canal médullaires; les filets ligneux se prolongent de la base du végétal à son sommet; ils sont enveloppés par le parenchyme et sont beaucoup plus durs et plus rapprochés à la circonférence qu'au centre. Comment se fait-il donc que cette tige soit si épaisse ? Sa superficie n'a-t-elle pu opposer de résistance à la force créatrice des parties intérieures ? Linnæus, qui ne connoissoit pas la belle distinction anatomique des monocotyledones et des dicotyledones, puisqu'elle n'a été découverte que depuis lui ; Linnæus, dont le génie pénétrant devina quelquefois la Nature sans le secours de l'observation, va d'un mot résoudre la question : *La tige des palmiers*, dit-il, *est formé par la base des pétioles réunies en un seul faisceau ; c'est un stipe ou pied sur lequel reposent les feuilles.* Ce que Linnæus avance, Daubenton et Desfontaines le prouvent, l'un dans ses Observations sur l'organisation et l'accroissement du bois, l'autre dans son Mémoire sur les caractères organiques qui distinguent les plantes monocotyledones des plantes dicotyledones. Guidés par les lumières de ces naturalistes, rappelons comment le stipe parvient insensiblement à la hauteur des plus grands arbres.

Ce n'est dans l'origine qu'une rosette de feuilles radicales développées à la surface de la terre ; leurs bases réunies forment un

anneau plus ou moins grand ; de leur centre
partent d'autres feuilles contraintes de s'élever verticalement par la résistance qu'elles
éprouvent à la circonférence ; mais, quand
une fois elles ont dépassé en élévation le
premier rang de feuilles , elles s'épanouissent en rosette semblable à la rosette radi-
cale , et leurs bases réunies composent un
second anneau au dessus du premier. Les
feuilles radicales, pressées et repoussées par
les autres, se renversent et se détachent ;
l'anneau que forment leurs bases survit à
leur chûte, et reste empreint de cicatrices
qui ne s'effacent point. Les secondes feuilles
se détachent à leur tour, pressées par un
troisième faisceau parti du milieu du tube
que forment les deux premiers anneaux ;
ce faisceau forme un troisième anneau , égal
aux deux autres et placé au dessus d'eux ;
il est suivi d'un quatrième, d'un cinquième,
d'un sixième, etc., et les feuilles se succèdent
dans le même ordre et présentent toujours
un faisceau placé au sommet du stipe. Cette
tige, en quelque façon artificielle, est marquée, dans toute sa longueur, de cicatrices
que laissent les feuilles en tombant ; le diamètre de son cylindre , une fois fixé par le
diamètre de l'anneau des feuilles, ne prend

plus d'accroissement; et dans le cours d'une année, chaque anneau acquiert toute la longueur et toute l'épaisseur dont il est susceptible : on peut donc dire que dans ces plantes, comme dans celles dont j'ai parlé précédemment, le tronc cesse de croître en épaisseur long-tems avant que sa croissance en longueur ne s'arrête; car la circonférence du stipe, composée de filets ligneux très-durs et pressés les uns contre les autres, forme un tissu solide incapable de se développer avant que le centre d'un tissu mou et flexible n'ait perdu cette propriété; et cette force de développement, ne pouvant dilater la circonférence trop dure, reflue vers le sommet du végétal et produit cette magnifique couronne de feuilles qu'on admire dans les palmiers. Là, vient expirer la puissance productrice; la lumière, la chaleur, l'air, joints à l'épuisement qui suit toujours un grand effort de la Nature, arrêtent la croissance des parties, et fixent pour jamais leurs limites; mais de nouveaux tubes, formés dans le centre par un nouveau cambium, reproduisent une nouvelle couronne; et cette suite de développemens ne cesse que lorsque le mouvement vital s'arrête, soit par le défaut de cambium, soit par l'endurcissement et l'obstruction des tubes.

Le stipe n'a donc aucune ressemblance d'organisation avec le tronc des dicotyledones ; l'organisation intérieure et la marche des développemens diffèrent, et pour tout dire, en un mot, c'est moins une tige qu'un immense faisceau de pétioles de feuilles radicales. Tel seroit le bananier si les bases de ses feuilles, roulées les unes sur les autres, s'unissoient plus intimement et ne formoient qu'un seul et même tissu.

<h2 style="text-align:center">A R T I C L E   I V.</h2>

Organisation et développement du chaume.

Le chaume des graminées ne se développe pas précisément de la même manière que le stipe des palmiers ou des aloès, quoiqu'il ait cependant quelques rapports avec lui ; car l'un et l'autre croissent par le développement successif des feuilles du sommet. Mais les feuilles du chaume ne forment point de faisceau terminal ; elles sont éloignées les unes des autres, et reposent chacune sur une portion de tige que l'on ne peut considérer comme la base des pétioles. Au point où le chaume produit la feuille, il se fait

O 3

un renflement occasionné par la séparation
des vaisseaux ; les uns se portent à l'extérieur et donnent naissance à la feuille ; les
autres continuent de s'alonger verticalement et forment une autre portion de tige
terminée par un nouveau nœud , lequel se
divise comme le premier. Le chaume croît
ainsi jusqu'à ce que cette tige, au lieu de
jeter une feuille , se couronne de fleurs et
cesse de s'alonger. On conçoit que bien que
les feuilles sortent les unes des autres, comme
elles ne se développent pas toutes à la fois,
elles n'ont point cette force mécanique qui
agit si puissamment dans le stipe et lui donne
un diamètre considérable ; aussi la plupart
des chaumes sont-ils foibles et débiles. On
peut donc avancer, comme règle générale ,
que les tiges des monocotyledones prennent
peu d'épaisseur , parce que l'endurcissement
des parties externes met un obstacle à leur
épaississement : je vais plus loin, je crois que
tout ce qui sembleroit être une exception
à cette règle dépend d'une organisation plus
ou moins conforme à celle des stipes.

ARTICLE V.

Des lacunes dans les plantes monocotyle-dones.

Les lacunes sont peu fréquentes dans les dicotyledones; mais elles sont très-communes dans les monocotyledones. Le parenchyme qui environne les filets, tiraillé par le tissu tubulaire, se déchire, et offre de grands vuides s'étendant sans interruption dans toute la longueur de la tige; souvent ils sont fermés de distance en distance par des cloisons transversales. Le tube des chaumes des graminées n'est autre chose qu'une lacune; j'ai observé la plantule enfermée dans la graine, au moment où elle commence à se développer, et je n'y ai point vu de vuide longitudinal; mais à mesure qu'elle s'alonge, elle se dilate, et le milieu, plus foible, se déchire.

––––––––––

Si les détails, dans lesquels je viens d'entrer sur l'organisation et l'accroissement des tiges, ont été présentés avec assez de netteté pour qu'on prenne une juste idée des faits, il ne me sera pas difficile maintenant de faire

connoître l'organisation des autres parties.
J'ai décrit d'abord la tige comme étant l'organe le plus compliqué et celui qui renferme
tous les autres; ce qui me reste à dire sur
l'anatomie n'est plus qu'une application ou
un développement des principes que j'ai établis; car la plante n'est qu'un composé de
parties semblables, et ce qu'il y a de plus
admirable dans ce travail de la Nature,
c'est d'avoir produit une si grande diversité
de formes et d'apparences avec un si petit
nombre d'élémens organiques.

CHAPITRE IV.

Du bouton.

LES feuilles, exposées à l'influence de la lumière et de la chaleur, transpirent abondamment durant le jour ; elles pompent les fluides contenus dans le végétal, et déterminent leur direction vers leur point d'attache. Les tubes qui servent de canaux à ces liqueurs les élaborent ; le cambium se forme insensiblement ; il se dépose autour des racines des feuilles, et, façonné par les fluides, il donne naissance à de nouveaux tubes, lesquels obéissant à l'impulsion qu'ils reçoivent, s'alongent vers l'écorce, et s'efforcent de la percer. Le printems est l'époque la plus favorable aux développemens, et c'est alors qu'on voit paroître l'œil du bouton dans l'aisselle des feuilles des arbrisseaux et des arbres. L'œil grossit et devient bouton vers le solstice, continue de se développer en automne, demeure dans une espèce d'engourdissement pendant l'hyver, s'épanouit en bourgeon au printems suivant, et se change dans l'été en rameaux chargés de feuilles ou de fleurs.

On ne doit point appeler bouton les petits cônes qui paroissent dans l'aisselle des feuilles des plantes herbacées, et se changent en rameaux dans l'espace de quelques jours : ce qui distingue essentiellement les boutons, c'est la propriété de résister aux froids, et de se conserver, comme la graine, pendant une ou plusieurs années dans un état de stagnation, tel qu'ils n'éprouvent aucun changement apparent, et qu'ils se développent aussitôt que les circonstances favorisent leur accroissement. Ainsi, quoique l'oignon des aulx, des lys et de plusieurs autres monocotyledones, ne naisse point dans l'aisselle des feuilles, puisque les feuilles périssent chaque année avec les tiges qui sont herbacées, on n'en doit pas moins considérer l'oignon comme un bouton, puisqu'il en remplit les fonctions. C'est pour cette raison que, malgré l'usage reçu, je n'ai pas cru devoir parler de cet organe quand j'ai traité des racines. L'oignon est composé d'un faisceau de feuilles appliquées les unes sur les autres, étiolées, épaisses et très-imparfaites, au centre desquelles est logé l'embryon de la tige, des feuilles et des fleurs.

Ce faisceau de feuilles repose sur un plateau charnu, véritable collet de la plante, d'où s'échappe une racine fibreuse.

Il y a, comme on le voit, plusieurs espèces de boutons. Les uns sont les turions et les oignons connus sous le nom de bulbes ; ils sortent de racines vivaces, et produisent des tiges annuelles : ces tiges ne portent point de boutons ; ils devenoient inutiles, puisque la destruction des tiges eût infailliblement entraîné la leur. Les autres sont les boutons proprement dits ; ils naissent sur les tiges, les branches des arbres et des arbrisseaux, et produisent des rejetons vivaces. Il y a aussi des espèces de bulbes qui naissent dans l'aisselle des feuilles et les enveloppes des fleurs de quelques plantes herbacées, et que l'on peut encore, à la rigueur, ranger parmi les boutons.

J'ai dit plus haut que les boutons produisent des branches à feuilles ou à fleurs ; je dois ajouter qu'il y en a de mixtes, c'est-à-dire, qui portent à la fois des feuilles et des fleurs. Les agriculteurs reconnoissent à leur forme le genre de production qu'ils donneront. Les boutons à feuilles sont minces, alongés, pointus. Les boutons à fleurs sont gros, courts, arrondis. Les boutons mixtes tiennent le milieu entre les deux autres espèces. On a encore observé que le bouton à feuilles, mis dans la terre, pouvoit jeter quelques racines, et même se développer comme les oignons; mais que le bouton à fleur y périssoit toujours. Les uns et les autres sont susceptibles d'être greffés. On détache un bouton sans l'offenser; on le substitue au bouton d'un arbre qui, par sa nature, a beaucoup de rapport avec le premier; le cambium se dépose dans la plaie, et unit les deux parties étrangères; il se forme autour un bourrelet de tissu cellulaire et de tubes, qui consolide cette union, et le bouton se développe, comme sur le végétal qui l'a produit, sans qu'il en résulte d'autre modification que celle qui dépend de la greffe.

Les enveloppes des graines mettent les germes à l'abri de l'intempérie des saisons; et les enveloppes des boutons protègent les jeunes pousses contre la rigueur des hyvers. Les boutons des arbres des climats septentrionaux sont presque toujours revêtus d'écailles ou de duvet. Dessous ces langes, ils bravent les froids excessifs, les chaleurs trop vives, et les brouillards épais, dont l'influence est toujours nuisible à la végétation.

Les écailles sont de petites lames coriaces, creusées en cuillère, et composées de tissu cellulaire et de petits tubes; elles sont placées les unes sur les autres, et forment une espèce d'étui conique, au centre duquel est logé le jeune rejeton. Les écailles extérieures, éprouvant l'action de l'air, sont fermes et sèches. Les écailles intérieures, garanties par les autres, sont molles et succulentes. Quelquefois les unes et les autres sont garnies extérieurement et intérieurement d'un duvet cotoneux, plus ou moins épais; et presque toujours la superficie du bouton est enduite d'un suc résineux, qui unit les écailles entre elles, et ferme toute issue à l'humidité extérieure. Ces boutons résineux détachés de l'arbre, couverts de cire à leur base et plongés dans l'eau durant des années, n'ont pas subi la moindre altération apparente. Toutes ces précautions de la Nature expliquent très-bien comment les bourgeons se développent malgré les vicissitudes des saisons.

Dans les climats où l'on ne connoit point d'hyver, où le soleil est toujours ardent et le ciel toujours pur, où les végétaux aspirent et rejettent sans cesse les fluides d'une terre qui ne se repose jamais, les boutons n'ont point d'écailles, et n'en ont pas besoin. S'il est quelques exceptions à cette règle, elles n'existent que pour les arbres, dont la nature est telle qu'ils peuvent croître indifféremment dans les pays septentrionaux ou méridionaux.

Les écailles sont des feuilles avortées. Cet avortement a lieu à l'époque du ralentissement de la sève. Si sa marche étoit absolument suspendue, ou si elle étoit trop rapide, les écailles ne se formeroient pas. Dans le premier cas, il n'y auroit aucune production nouvelle; dans le second, les boutons sans enveloppe ne tarderoient pas à s'alonger en bourgeons. C'est ce qu'on observe pour quelques arbres des pays froids, et pour ceux des pays chauds. Dans les premiers, la végétation, très-prompte d'abord, mais très-lente bientôt après, ne permet pas la formation des écailles; et dans les seconds, la végétation est toujours trop vigoureuse pour qu'elle puisse se développer. La même chose a lieu lorsqu'on coupe les sommités d'un arbre avant l'épanouissement des boutons; ceux qui se développent après cette opération sont privés d'écailles.

Les boutons diffèrent dans chaque espèce. Ils sont courts et arrondis dans le noyer, longs et pointus dans le charme, velus dans la viorne, lisses dans le cerisier, petits dans le chêne, gros dans le marronnier, etc.

Dessous les écailles on trouve la jeune branche et les petites feuilles plissées sur elles-mêmes, de manière à ne tenir que le moins d'espace possible.

Quant à l'organisation intérieure du bouton, elle ne diffère point de celle de la plumule renfermée dans la graine; celle-ci est la tige, et celle-là le rameau dans son enfance; le rameau et la tige ont la même organisation : la plumule et le bourgeon doivent donc être absolument semblables.

Dans les dicotyledones, un filet médullaire se prolonge de la base du bouton à son sommet; un cylindre de grands tubes l'environne, et jette çà et là quelques ramifications, dont les prolongemens composent les nervures des feuilles, et une couche de tissu cellulaire forme l'enveloppe extérieure ou l'écorce. Dans les monocotyledones, de grands tubes sont répandus avec plus ou moins de symétrie dans le tissu cellulaire; il n'y a ni écorce, ni filet médullaire distincts.

La partie de la plante où naît le bouton forme toujours un petit bourrelet. Les feuilles, en attirant les sucs vers ce point, favorisent le gonflement du bourrelet, qui ne peut se dilater sans écarter les écailles, et donner plus de liberté à ce nouveau rejeton : car il est évident que le moindre écartement à la base du bouton doit en produire un très-apparent au sommet, et c'est par ce moyen que le rejeton, trop foible pour repousser lui-même ses enveloppes, en est enfin débarrassé, et recevant le contact de la lumière, acquiert insensiblement plus de vigueur, et se prolonge sous la forme d'une branche ligneuse.

On peut suivre le développement du bouton durant plusieurs années, en l'observant depuis l'instant où il perce l'écorce, jusqu'à celui où il se change en bourgeon. Quelquefois cinq ans suffisent à peine à ce développement. Au reste, le tems que la Nature emploie à ce travail dépend souvent de circonstances purement accidentelles; et par exemple, lorsque les feuilles qui accompagnent les boutons viennent à périr, ils prennent tout à coup un accroissement considérable, et l'automne voit croître souvent des branches, des fleurs et des feuilles, qui n'auroient paru que le printems suivant, si tout fût resté dans l'ordre accoutumé;

mais

mais ces productions hâtives sont détruites par les premières gelées.

Comme tous les boutons d'un arbre ne sont pas également exposés à l'action de l'air et de la lumière, tous ne se développent pas en même tems. En général, ceux qui sont situés à l'extrémité des rameaux s'épanouissent les premiers.

La disposition des boutons sur les tiges, les branches et les rameaux, est la même que celle des feuilles. Je n'en parlerai pas ici, pour éviter une répétition fastidieuse.

CHAPITRE V.

Considérations générales sur les feuilles.
Calendrier de Flore.

INTRODUCTION.

TOUTE la magnificence de la Nature, dans les beaux jours de l'été, n'égale pas la douceur et le charme des premiers jours du printems. L'air est calme, le ciel pur; et la terre pénétrée par la chaleur vivifiante sort de l'engourdissement où elle étoit plongée. L'hyver est l'image de la mort et le deuil de la Nature; le printems lui succède; il rend la vie et le mouvement à la terre engourdie; l'œil, fatigué du triste spectacle des frimats, se repose avec délices sur la verdure naissante; l'ame se sent doucement agitée de plaisir et d'espérance; je ne sais quoi d'intime et de délicieux se mêle à nos sensations; nous nous identifions à tout ce qui nous environne; nous reprenons une nouvelle existence, et, semblables aux germes précieux que développent les sucs nourriciers, nous aspirons à longs traits le nectar de la vie. Les fleurs ne paroissent point encore. Les feuilles se montrent seules et verdissent aux rayons de la lumière ; la jeune branche, naguère enfermée sous des écailles nombreuses, repousse ses enveloppes, s'alonge et déploie son feuillage ; la plumule délicate perce le sein de la terre, et de blanche qu'elle étoit d'abord, devient verdâtre et passe insensiblement au verd le plus vif. Les feuilles ouvrent le cercle de la végétation ; elles n'ont point communément le brillant coloris des fleurs et leurs doux parfums, mais elles sont plus durables et forment la parure ordinaire des végétaux. La main libérale de la Nature les multiplie à l'infini et les renouvelle sans cesse ; leur couleur, amie de l'œil, repose la vue, et leurs exhalaisons répandent dans l'atmosphère une délicieuse et salutaire fraicheur.

Sans avoir d'ailleurs aucune connoissance en histoire naturelle, il n'est personne qui, du premier coup d'œil, ne distingue parfaitement les feuilles sur le végétal ; et cependant nulle partie n'est plus variable par sa forme, ses dimensions, son attache, sa disposition et ses parties accessoires. D'où dépend donc cette extrême facilité de les reconnoître ? de la multiplicité même de leurs attributs. Toutes ont quelques traits qui les distinguent des autres organes. En général, elles sont une sorte d'expansion mince du sommet de la racine, ou de l'écorce de la tige, ou de celle des rameaux ; elles ont deux surfaces distinctes, l'une regarde le ciel, l'autre la terre ; tantôt elles forment des rosettes au sommet des tiges ; plus communément elles recouvrent les branches, les rameaux et les tiges que le tems n'a point trop endurcis. Les feuilles des sapins sont fines, pointues, roides, distinctes les unes des autres, et ressemblent à des épingles vertes ; celles de quelques asperges aussi fines, mais plus souples et réunies en faisceaux, ressemblent à des houppes délicates ; celles de plusieurs sensitives, nombreuses et divisées en une multitude de très-petites folioles, forment d'élégans panaches qui flottent au gré du vent ; celles de plusieurs palmiers s'étendent au sommet des stipes en vastes et immobiles parasols. Les feuilles de chaque espèce affectent une forme différente ; elles offrent des cœurs, des ellipses, des ovales, des losanges, des lances, des flèches, des hallebardes, des boucliers, des mains, des langues, des ailes étendues, des cornets, des coupes, des grillages, etc. etc.; et non seulement elles varient d'espèce à espèce, mais quelquefois dans la même espèce et dans le même individu : ainsi, dans une multitude de plantes herbacées, les feuilles qui partent de la racine sont très-larges et très-étoffées, et celles des tiges et des rameaux sont d'autant plus petites, qu'elles sont plus voisines des sommités. Ces différences dans les feuilles d'un même individu ne s'arrêtent pas aux dimensions; elles touchent aux formes et aux couleurs. Les feuilles du mûrier à papier, bel arbre du Japon et des îles de la mer du Sud, sont en cœur au sommet des branches; mais celles qui décorent les rejetons inférieurs sont divisées en trois lobes. Les feuilles servent quelquefois de support aux fleurs, comme dans le *ruscus*; elles servent aussi quelquefois de mains aux tiges grimpantes, en se roulant fortement autour des corps grêles qu'elles rencontrent, comme on l'observe dans l'œillet et dans plusieurs autres plantes.

L'embryon, commençant à peine à se former sous les enveloppes de la graine, jette une ou deux feuilles bientôt arrêtées dans leur développement; ce sont les feuilles séminales ou cotyledons, dont nous avons tracé l'histoire au

P 3

chapitre de la germination. Ces feuilles percent quelquefois la terre et prennent la couleur, et jusqu'à certain point la forme qui convient à leur origine ; mais souvent aussi elles périssent avant d'arriver à la lumière. Elles n'existent point, comme nous l'avons vu, chez les végétaux essentiellement privés de feuilles, non plus que les feuilles primordiales, lesquels sont renfermées entre les lobes séminaux. Ce sont les secondes feuilles que jette l'embryon ; elles n'ont pas 'toujours la forme de celles qui viendront par la suite ; elles sont un passage des cotyledons aux feuilles parfaites : on diroit que la Nature s'essaie à de moindres travaux avant de mettre la dernière main à son ouvrage. Dans les plantes monocotyledones, les feuilles primordiales forment toujours des gaînes comme le cotyledon ; dans les dicotyledones, elles ne diffèrent souvent des autres que parce qu'elles sont plus petites.

Dans nos climats tempérés, c'est au printems que les feuilles des arbres et des herbes commencent à poindre ; les unes s'échappent des enveloppes de la graine, les autres des écailles de boutons. Quelquefois les fleurs les devancent : telles sont celles de beaucoup d'arbres fruitiers, des saules , du *daphne mezereum* ; etc. ; cependant, plus communément les fleurs ne paroissent qu'après les feuilles, et même quelquefois les chaleurs de l'été ont consumé les feuilles lorsque les fleurs sortent à peine de leurs enveloppes. Mais dans les climats brûlans, situés entre les deux tropiques, la végétation ne reprend sa vigueur, et les feuilles ne se développent que pendant la froide saison, si toutefois on peut appeler une saison froide, l'époque où les rayons du soleil suspendent un peu leur activité dévorante et ne consument plus tout ce qui végète à la surface de la terre. Là, durant les étés, les végétaux épuisés par la transpiration trop abondante et ne pouvant pomper dans une atmosphère enflammée et dans un sol aride les fluides nécessaires à leur développement, périssent desséchés ou demeurent dans un état d'engourdissement comparable à celui de nos arbres durant les rigueurs de l'hyver. Si l'on aperçoit encore quelque verdure, c'est le triste éclat des arbres toujours verds dont les feuilles résineuses soutiennent long-tems, sans se détacher, les feux de la zone torride et les froids des poles ; c'est l'éclat non moins triste de certaines plantes dont les tiges et les feuilles épaisses et charnues ne transpirent presque point, et retiennent dans leur tissu cellulaire une humidité conservatrice. Ces plantes succulentes, attachées sur les rochers les plus stériles et soumises à l'action redoublée des rayons du soleil, ne se dessèchent point.

Si l'on considère que les plantes d'espèces semblables, placées dans la même exposition, se couvrent de feuilles presque toutes à la même époque, et qu'au contraire la feuillaison dans les espèces différentes s'opère à des époques souvent très-éloignées, quoique tout soit égal d'ailleurs, on conclura nécessairement que chaque espèce a besoin, pour se développer, d'une température particulière. En effet, Adanson a démontré, par de très-bonnes observations, que, toutes choses égales, le nombre des dégrés de chaleur nécessaires pour opérer le développement des feuilles, des fleurs et des fruits d'une plante, est le même, soit dans les années hâtives, soit dans les années tardives. De plus, on sait que les graines ne germent qu'à une certaine température nécessaire à chaque espèce; on pourroit donc fixer, d'une manière exacte, l'époque à laquelle il convient de semer les graines. Il suffiroit pour cela d'examiner les rapports naturels de la germination et de la feuillaison ; c'étoit le but que s'étoit proposé Linnæus, dans les observations qu'il fit pendant les trois années 1750, 1751 et 1752, dans dix-huit provinces de la Suède. Il trouva que le bouleau étoit l'arbre le plus propre à indiquer le tems de semer l'orge, et il conclut avec raison que l'époque de la feuillaison d'autres arbres pourroit également servir de règle pour ensemencer. On sent que cette idée, mise en pratique, seroit bien supérieure à l'aveugle routine que suivent nos cultivateurs ; au lieu de choisir, pour confier leurs graines à la terre, des époques fixes dans l'année, et, par cela même souvent peu favorables, ils consulteroient la Nature elle-même, en se réglant sur la température. Il faudroit donc, comme le proposoit Linnæus, dresser dans chaque pays un *calendrier de Flore*, contenant des observations comparatives sur la germination et la feuillaison. Mais ce travail ne peut être exécuté que par des hommes accoutumés à observer ; et quand on voit jusqu'à quel point les cultivateurs sont esclaves de leurs habitudes, on conçoit qu'il n'auroit d'autre utilité que de prouver encore ce qu'on ne sait déjà que trop, que, chez les hommes ignorans, les préjugés sont plus puissans que la raison (1).

A R T I C L E　P R E M I E R.

Des feuilles dans le bouton des plantes ligneuses et dans les bourgeons des herbes.

Les feuilles sont d'abord roulées ou pliées sur elles-mêmes, de manière à n'occuper que le moins de place possible, et cet arrangement ne varie jamais dans les individus d'une même espèce, ni dans les espèces d'un même genre. Elles sont roulées de quatre manières.

1°. On les dit *roulées en dehors*, lorsque les deux côtés distingués par la côte moyenne se roulent séparément dans leur longueur, de manière à présenter toujours aux regards la face supérieure ; telles sont les feuilles du romarin et de la persicaire.

2°. Lorsqu'au contraire en se roulant séparément, les deux côtés laissent voir la partie inférieure de la feuille, elles sont *roulées en dedans*. Le peuplier, le poirier, le chèvrefeuille en offrent l'exemple.

3°. Dans l'abricotier, l'oreille d'ours, etc., elles sont *roulées sur elles-mêmes*, c'est-à-

____

(1) Voyez le tableau ci-contre, n° 1.

TABLEAU DU TEMS

Où les Plantes les plus communes prennent leurs feuilles dans le climat de Paris, d'après Adanson.

NOMS DES PLANTES.	Epoque moyenne à laquelle elles prennent leurs feuilles.
Commencent à développer leurs feuilles	vers le
Sureau noir	
Chevrefeuille	16 février.
Tulipe jaune	27 pluviôse.
Safran	
Groseiller épineux	1ᵉʳ mars.
Lilas	
Aubepine	10 ventôse.
Groseiller sans épines	
Cerisier putier	
Fusain	5 mars.
Sureau rouge	15 ventôse.
Troêne	
Sorbier des oiseaux	
Rosier	
Ouvrent leurs boutons et développent leurs feuilles	
Saule	
Aune	
Viorne obier	
Bouleau	7 mars.
Coudrier	16 ventôse.
Cerisier	
Pommier	
Ouvrent leurs boutons	
Tilleul	
Marronnier d'Inde	
Erable rouge	10 mars.
Orme	19 ventôse.
Charme	
Commence à montrer ses feuilles	18 mars.
Amandier	27 ventôse.
Se couvrent de feuilles	
Poirier	
Prunier	
Abricotier	20 mars.
Pêcher plein vent	29 ventôse.
Et la première verdure générale du marronnier et tilleul	
Prunelier	1ᵉʳ avril.
Nerprun cathartique	11 germinal.
Bourgene	
Hêtre	
Peuplier tremble	5 avril.
Erable plane	15 germinal.
Alizier	
Charme	
Orme	
Vigne	20 avril.
Figuier	30 germinal.
Noyer	
Frêne	
Chêne	1ᵉʳ mai.
	11 floréal.
Pointe.	15 mai.
Asperge	25 floréal.

Tome I.

dire, qu'une moitié de la feuille est roulée dans sa longueur, et que l'autre moitié est roulée sur la première.

4°. On les dit *roulées en crosse* ou *en volute*, lorsqu'elles sont roulées en dedans du sommet à la base. Les fougères seules présentent ce mode d'enroulement.

Les feuilles sont pliées de trois manières différentes :

1°. Elles sont pliées *moitié sur moitié*, lorsque les deux côtés, séparés par la nervure moyenne, s'appliquent ou tendent à s'appliquer face contre face, comme dans le chêne, la sauge, le seringa, etc.

2°. *Pliées de haut en bas*, lorsque la partie supérieure s'applique sur l'inférieure, comme dans l'aconit, l'adoxa, etc.

3°. *Plissées*, lorsqu'elles forment des plis semblables à ceux d'un éventail fermé, comme dans le groseiller, l'érable, la vigne, etc.

Mais, dans les feuilles pliées moitié sur moitié, il existe certaines dispositions relatives qu'il convient d'examiner.

1°. Elles sont *côte à côte*, lorsqu'elles sont rapprochées et simplement appliquées les unes contre les autres, comme dans le hêtre et le noyer.

2°. *Demi-embrassées*, lorsqu'elles sont opposées et que chacune renferme entre ses deux moitiés une moitié de l'autre, comme dans la sauge, l'œillet, la saponaire, etc.

3°. *Embrassées*, lorsqu'une feuille pliée moitié sur moitié est recouverte par une autre feuille qui lui est opposée, de manière que les deux tranchans de la première aboutissent au plus profond du pli de la seconde, comme dans l'iris, l'hemerocallis, l'acorus, etc.

4°. *En regard*, lorsque deux petites feuilles, sans être ployées, mais seulement creusées en bateaux et opposées bord à bord, comme si elles se regardoient, sont embrassées par deux autres qui affectent entre elles la même disposition; tellement cependant que la ligne de regard de celles-ci croise à angle droit la ligne de regard des deux premières; comme si deux personnes se tenant par les deux mains, deux autres venoient les envelopper, de manière que la jonction des mains de ces dernières aboutisse derrière le dos des premières (1). C'est ce qu'on observe dans le seringa, le lilas, le troêne, le laurier, etc.

---

(1) Cette comparaison appartient à Philibert ; elle peint bien ce qu'on veut rendre.

C'est ainsi que se présentent les feuilles au sommet de la plumule naissante ou dans le bourgeon commençant à se développer ; mais les fluides nourriciers pénètrent insensiblement leurs vaisseaux ; ils les gonflent, ils les étendent, ils les roidissent. Les feuilles cèdent bientôt à l'impulsion qu'elles reçoivent ; elles s'ouvrent et se dilatent ; elles acquièrent plus de consistance et leurs plis s'effacent pour jamais.

A R T I C L E I I.

Organisation des feuilles des plantes dicotyledones et monocotyledones.

On distingue souvent dans la feuille la *lame* et le *pétiole*. La lame est cette partie verte, large, mince, dilatée ; le pétiole est cette espèce de support qui sort immédiatement des branches, des racines ou des tiges, et qu'on appelle communément la queue de la feuille. Beaucoup de feuilles sont *sessiles*, c'est-à-dire, que la lame naît de la plante sans l'intermédiaire du pétiole. La face supérieure de la lame est ordinairement lisse, luisante, lustrée ; il semble qu'on y ait appliqué un vernis transparent ; les nervures paroissent, mais ne forment point

d'éminences, et on ne les distingue commu‑
nément que par leur couleur qui tranche sur
le verd de la feuille. La face inférieure, au
contraire, est presque toujours inégale,
velue, chagrinée, relevée en bosses par les
nervures saillantes, et quelquefois même
rude et raboteuse ; celle-ci est d'ordinaire
d'un verd moins foncé que la face supé‑
rieure, parce que l'épiderme, plus lâche,
ne s'applique pas aussi exactement sur le
tissu herbacé. La feuille communique par
ses nervures avec les grands vaisseaux et le
tissu cellulaire le plus extérieur, et par la par‑
tie verte et parenchymateuse à la couche
du tissu cellulaire, de même la plus exté‑
rieure. L'épiderme est très-poreux dans les
feuilles des arbres ; les grands pores n'exis‑
tent communément que sur la face infé‑
rieure, et dans celles des herbes, on les
trouve presque toujours sur les deux sur‑
faces. Ces ouvertures, qui servent à la trans‑
piration et à l'absorption des fluides, comme
nous le verrons bientôt, sont d'autant moins
nombreuses que les plantes transpirent moins ;
aussi n'en trouve-t-on qu'un petit nombre
sur les feuilles des plantes charnues.

Le pétiole varie considérablement par sa
forme et ses dimensions ; tantôt il est cylin-

drique, tantôt aplati sur les côtés, ou de bas en haut, tantôt creusé dans sa longueur en gouttière, tantôt accompagné de deux ailes latérales membraneuses ou foliacées, etc. etc. Dessous son épiderme, on trouve le tissu cellulaire, lequel environne et retient plusieurs filets alongés, composés intérieurement de trachées et de fausses trachées, ou de vaisseaux poreux. Son organisation a beaucoup de rapports avec celle des tiges des monocotyledones. Le parenchyme se dilate, et les filets se séparent et se ramifient pour former la lame de la feuille. Ces filets offrent un ou plusieurs troncs principaux ou nervures, d'où s'échappe un grand nombre de ramifications, disposées en un réseau dont les mailles sont remplies par le tissu cellulaire.

Par-tout où se portent les filets, ils entraînent avec eux le parenchyme. On lui voit dessiner, par leur épanouissement, la forme principale de la feuille, ses contours, ses dentelures, ses découpures, ses lobes et ses folioles. Les dernières ramifications des filets ne sont composées que d'un simple tissu tubulaire. Quelquefois les nervures se prolongent, et laissant en arrière le tissu cellulaire, elles forment des épines, comme on l'observe dans les chardons, les centaurées, etc.

Lorsque la feuille est sessile, les filets se ramifient dès leur naissance ; lorsqu'elle forme une gaîne à sa base, les filets, au lieu de se réunir en un faisceau avant de percer l'écorce, partent en divergeant de toute la circonférence de la tige ; ce dernier mode de développement appartient à la plupart des monocotyledones, et ne se rencontre que très‑rarement dans les dicotyledones. On pourroit même soupçonner qu'il n'est jamais complet dans celles‑ci ; mais il est certain que dans les premiers il existe toujours, sinon dans les feuilles de la tige, au moins dans les séminales et les primordiales.

Les feuilles des plantes monocotyledones présentent ordinairement une organisation qui les distingue des dicotyledones; rarement on y voit ces nervures ramifiées, dont les contours tracent à la surface des feuilles d'agréables dessins. En général, les filets se portent, sans se détourner, de la naissance de la lame à son extrémité supérieure ; ils entraînent le tissu cellulaire dans cette direction, et la feuille prend la forme d'un glaive ou d'une épée ; et, comme la formation des dentelures

dentelures dépend toujours de ce que quelques petites nervures se portent, vers les bords, au delà du contour général marqué par les nervures plus considérables, et que, dans les monocotyledones, l'alongement des filets s'opère habituellement en longueur ; ces feuilles n'ont presque jamais les dentelures qu'on remarque dans la plupart des dicotyledones.

Certaines monocotyledones, telles que le bananier, ont des feuilles d'une organisation toute particulière; il règne au milieu de la lame une nervure épaisse, d'où s'échappent une multitude de nervures latérales très-fines, partant à angle droit du tronc principal. Toutes ces nervures, serrées et disposées parallèlement entre elles, se portent vers les bords ; et n'étant pas moins longues les unes que les autres, si ce n'est vers les deux extrémités de la feuille, où leur longueur diminue insensiblement, elles dessinent un contour régulier et sans aucune dentelure.

En général, les monocotyledones ont, dans toutes leurs parties, une grande propension à s'alonger, et non pas à se ramifier, et cette disposition est quelquefois si évidente à l'extérieur même des plantes de cette classe, qu'elle sert de caractère pour les distinguer.

ARTICLE III.

Disposition des feuilles sur les plantes.

En observant la Nature de près, on voit qu'elle n'est pas moins sage ni moins savante dans les détails que dans l'ensemble. Rien de ce qui concerne l'organisation n'est abandonné aux hasards. Lorsque nous apercevons dans les organes une disposition dont nous ne démêlons pas le but, gardons-nous de penser qu'il n'en existe pas. Que de faits, dédaignés autrefois, sont devenus importans à nos yeux dès que nous les avons mieux connus ! La disposition des feuilles sur les tiges ou les branches en offre un exemple. Nous verrons bientôt qu'elle se rattache aux phénomènes les plus nécessaires à la vie et au développement des végétaux.

Les feuilles ne sont pas, comme on pourroit le croire, placées sans ordre et sans symétrie. Les physiologistes ont remarqué qu'elles sont disposées de cinq manières différentes.

1º. Elles sont *en spirale*, c'est-à-dire, que si l'on tiroit une ligne de la première feuille à la seconde, de celle-ci à la troisième, et ainsi de suite jusqu'au sommet de la branche ou de la tige, on traceroit nécessairement une ligne spirale.

2°. *En double spirale*, lorsque la spirale tracée n'atteint qu'une partie des feuilles, et lorsque les autres, placées absolument dans le même ordre, forment sur le même axe une spirale parallèle à la première.

3°. *Distiques*, lorsqu'elles naissent sur deux côtés opposés sans être opposées entre elles, de manière qu'une ligne tirée de la première à la seconde, de la seconde à la troisième, et ainsi de suite, formeroit un zig-zag dont les angles répondroient alternativement aux feuilles des deux séries opposées.

4°. *Opposées*, lorsqu'elles naissent à la même hauteur, et de deux côtés opposés, en sorte que la base de l'une corresponde à la base de l'autre ; mais alors, comme l'observe Bonnet, la seconde paire de feuilles forme la croix avec la première, la troisième avec la seconde, et la quatrième avec la troisième, etc.

5° Enfin *verticillées*, lorsque trois, quatre, cinq, six, sept feuilles ou davantage naissent sur la tige à la même hauteur, mais dans des directions opposées, comme les rayons différens d'une même circonférence, et l'on doit observer encore que chaque feuille de chaque verticille répond à la place laissée vuide par les feuilles du verticille inférieur et du verticille supérieur.

Tels sont les cinq modes d'arrangement dans les feuilles. Il en est un sixième qui n'est en quelque sorte qu'une dégradation des deux premiers ; il a lieu lorsque les feuilles semblent jetées au hasard : on les dit alors *éparses*.

Dans tous les cas, jamais les feuilles les plus voisines ne sont placées de manière que la supérieure recouvre l'inférieure ; et c'est une chose admirable que, parmi un si grand nombre de végétaux différens dans toutes leurs parties, cette loi n'ait encore présenté aucune exception.

Tout ce que nous venons de dire ne prouve pas encore l'utilité des feuilles, mais la fait soupçonner. Nous ne sommes plus au tems où l'on croyoit que ce luxe de forme et de couleur n'est déployé uniquement que pour flatter et amuser les regards de l'homme. Nous croyons avec raison, que chaque organe a un but d'utilité relatif à l'être auquel il appartient. C'est le chef-

d'œuvre de la Nature, de réunir dans le
même plan ce qu'il y a de plus utile à l'individu, et de plus parfait pour l'harmonie
générale.

ARTICLE IV.

Fonctions des feuilles.

Les feuilles, riche et brillante parure des
végétaux, légères, minces, mobiles, et pour
ainsi dire, toutes entières en surface, sont
de vraies racines aériennes : nulle expression
ne les caractérise mieux. Disposées sur la
plante avec un art si admirable, qu'aucune
ne dérobe à l'autre les rayons lumineux et
les exhalaisons répandues dans l'atmosphère,
elles aspirent les fluides nourriciers, et rejettent ceux qui nuiroient aux développemens. Les nervures, dont les extrémités délicates aboutissent au bord des feuilles, les pores
et les poils qui recouvrent leur surface, sont
autant de conduits destinés à ces importantes
fonctions. La face supérieure des feuilles des
arbres reçoit, durant le jour, toute la chaleur
et tout l'éclat du soleil, et rejette des gaz et des
fluides, que son épiderme lisse et lustré laisse
facilement échapper ; la face inférieure, plus
molle et couverte d'inégalités, de fossettes,

de poils et de duvet, arrête et condense durant la nuit les vapeurs de l'atmosphère ; mais les feuilles des herbes, environnées des exhalaisons humides de la terre, sont également propres à les aspirer par leurs deux surfaces, dont l'épiderme ne présente ordinairement aucune différence bien marquée. Ces phénomènes sont prouvés par de nombreuses expériences. Il est certain que le gaz acide carbonique, produit et renouvelé sans cesse par la combustion, et dissous dans l'eau que l'atmosphère tient suspendue en vapeurs, traverse l'épiderme des feuilles, pénètre leur tissu cellulaire, et coule dans leurs vaisseaux. Cette absorption a lieu lorsque la sève et les autres fluides, d'abord dilatés par la chaleur du jour, viennent à se condenser durant la nuit, et que n'étant plus attirés avec force vers les sommités, ils retombent vers les racines ; car alors ces fluides occupant moins de place, le vuide s'opère dans le végétal, et les vapeurs humides, errantes à sa surface, entrent par ses pores, comme l'on voit l'eau se porter dans le tuyau d'une pompe, quand, à l'aide d'un piston, on y produit le vuide. Mais, dès que le soleil reparoît sur l'horison, ces mêmes fluides, joints à ceux que les racines pompent dans la terre, attirés par la chaleur, se portent vers les feuilles, et tendent à s'échapper par les pores; et c'est alors que l'eau et le gaz acide carbonique, en contact avec la lumière, se décomposent et laissent échapper le gaz oxigène qui, se répandant à l'extérieur, et se combinant avec l'azote, produit, par cette combinaison, l'air atmosphérique nécessaire à la vie des animaux et à la germination des plantes; tandis que l'hydrogène de l'eau et le carbone du gaz acide carbonique, enfermés dans les tubes et les cellules des feuilles, y composent les huiles, les gommes et les résines, substances nécessaires à l'accroissement et au développement des végétaux.

Sans doute, une partie des fluides puisés dans l'atmosphère et la terre, se combine dans les feuilles et les racines avec les huiles, les gommes et les résines déjà formées; portée ensuite dans tout le végétal, elle pénétre insensiblement la substance même des membranes, les nourrit et les développe, dilate le tissu cellulaire, alonge le tissu tubulaire, donne à chaque organe formé le dernier dégré de perfection, et produit enfin le cambium, où sont contenus les élémens de nouvelle production. Mais comment se décomposent l'eau et l'acide carbonique? Comment la réunion de l'hydrogène et du carbone produit-elle les résines ? Voilà des phénomènes qui paroissent avoir des rapports immédiats avec l'organisation, et que par conséquent il nous est impossible d'expliquer.

Quoi qu'il en soit, la face supérieure des feuilles, frappée par les rayons du soleil, verse dans l'atmosphère des torrens de vapeurs et de gaz oxigène, et la face inférieure y pompe, durant la nuit, le gaz acide carbonique dissous dans l'eau.

Remarquons que la structure des deux surfaces convient parfaitement à leurs fonctions.

ARTICLE V.

Retournement, sommeil, irritabilité des feuilles.

Ce qu'il y a de plus digne d'admiration dans les végétaux, êtres qui certainement ne sont doués d'aucun mouvement volontaire, c'est le phénomène du retournement des feuilles. Lorsqu'une cause quelconque, dérangeant l'ordre établi, présente au ciel la surface inégale et velue, et à la terre la surface lisse et luisante, alors, si le pétiole a été tordu, il se remet insensiblement dans sa situation naturelle, et si la branche qui porte les feuilles est courbée de manière que son sommet regarde la terre, les feuilles se contournent sur leur pétiole, et reprennent encore la position qui leur est propre. Ce retournement s'effectue même à l'obscurité, mais plus lentement qu'à la lumière. Il est moins prompt dans les herbes, sans doute, parce que les deux surfaces des feuilles sont également propres à absorber les exhalaisons humides.

D'ailleurs, la chaleur et l'humidité exercent une action très-marquée sur les feuilles, comme on peut s'en convaincre en examinant celles de l'acacia. Ces feuilles sont du nombre de celles que les botanistes nomment *pennées avec impaire*. Le pétiole se prolonge en un filet garni des deux côtés d'un nombre égal de petites feuilles ou *folioles*, et se termine à sa partie supérieure en une foliole impaire. Ces folioles sont petites, de forme ovale, attachées comme par une charnière à des pétioles particuliers, fixés sur le prolongement du pétiole commun. Avant le lever du soleil, elles pendent vers la terre; mais, dès que l'astre paroît sur l'horison, elles commencent à se redresser; en tournant sur leur charnière, elles décrivent de chaque côté un arc de cercle d'autant plus grand, que la lumière et la chaleur du soleil sont plus vives. Dans les beaux jours d'été, elles sont presque verticales; leur sommet pointe vers le ciel, et leurs faces supérieures ne sont presque plus séparées. En cet état, toute la feuille forme une gouttière profonde, dont l'extrémité est fermée par la foliole impaire, qui s'est redressée avec les autres; mais, à mesure que le soleil s'abaisse vers l'occident, les folioles s'inclinent et reprennent leur première position.

Bonnet a recherché la cause de ce phénomène; il a cru la trouver dans la chaleur des rayons lumineux, et dans l'humidité qui s'élève de la terre. Cet ingénieux observateur essaya de reproduire ces effets par des moyens artificiels; et il y parvint. Il fit exécuter à ces folioles leur mouvement accoutumé, en présentant tour à tour un fer rouge à la face supérieure, et une éponge mouillée à la face inférieure. Il en conclut que le dessus de la feuille a, comme le parchemin, la propriété de se crisper à la chaleur, et le dessous, celle de se contracter à l'humidité comme le fil de chanvre ou de lin; et pour donner plus de poids à cette hypothèse, il fabriqua, avec du parchemin, de la toile et un fil de laiton, des feuilles artificielles qui, étant soumises à l'humidité et à la chaleur, reproduisirent le phénomène des feuilles de l'acacia.

Il ne faut pas croire cependant que la chaleur ou l'humidité soient les seules causes du mouvement qu'on observe dans les feuilles. Plusieurs autres causes connues ou inconnues agissent de concert ou isolément pour produire ces effets, et voilà ce qui a trompé beaucoup de physiciens, d'ailleurs bons observateurs; car, comme les effets sont les mêmes, ils ont pensé qu'il dépendoient d'un même principe, et sur quelques données, ils ont établi des systêmes généraux. Mais, sans nous arrêter à l'examen des systèmes, revenons aux phénomènes que la Nature présente. L'un des plus singuliers est celui auquel Linnæus a donné le nom de sommeil des plantes, par allusion au sommeil des animaux.

Garcias, en voyageant dans les Indes, avoit remarqué que les plantes du tamarin affectent une disposition particulière pendant la nuit; mais ce fait étoit oublié lorsque le hasard présenta au naturaliste d'Upsal ce nouveau sujet d'observation. Il avoit semé quelques graines de lotus pied d'oiseau, que

Sauvage de Montpellier lui avoit envoyées; le premier individu qui fleurit excita sa curiosité. Il remarqua une paire de fleurs le matin, et ne la retrouvant pas le soir, il crut qu'elle avoit été arrachée. Le lendemain, aux mêmes heures, deux fleurs reparurent et disparurent comme la veille; alors Linnæus examina la plante avec plus d'attention, et vit que les folioles des feuilles supérieures se rapprochoient au déclin du jour, et couvroient les fleurs de manière à en dérober totalement la vue. Linnæus étoit trop grand observateur pour ne pas soupçonner qu'un tel fait ne pouvoit guère être isolé. L'esprit frappé de cette idée, il parcourt ses serres une lanterne à la main, et chaque pas qu'il fait lui découvre une foule de merveilles inconnues jusqu'alors. Jamais, sans doute, nul autre phénomène ne fut confirmé en aussi peu d'instans par un si grand nombre de faits remarquables; mais fut-il jamais un observateur plus digne que Linnæus, de dévoiler aux hommes les secrets de la Nature !

Linnæus peignit souvent la Nature à grands traits; et quoiqu'il ne se laissât pas abuser par les apparences, il les substitua quelquefois aux choses réelles, plus jaloux de carac-

tériser les faits que de déterminer les causes.
Nous devons, à cette manière de voir, les
tableaux poétiques dont ce grand homme a
embelli l'histoire des plantes ; mais il ne faut
pas prendre la peinture pour la réalité, et
confondre la copie avec le modèle. Le sommeil, cette infirmité périodique, qui sus-
pend la sensibilité dans les animaux jusqu'à
ce que le repos ait rendu à leurs sens leur
première vigueur, n'existe point dans les
plantes, puisqu'elles ne sont point sensibles :
ainsi, que la ressemblance dans les mots ne
nous abuse pas sur les choses, et rappelons-
nous toujours que nous devons entendre,
par le sommeil des plantes, une certaine
position des feuilles durant la nuit, qui diffère de celle qu'elles affectent dans le jour.

Le sommeil se manifeste de quatre manières différentes chez les plantes à feuilles
simples.

1°. Elles sommeillent *face à face*, lorsque,
comme dans l'arroche des jardins, l'asclépias
et la morgeline des oiseaux, deux feuilles
opposées, étendues horisontalement durant
le jour, se dressent aux approches de la nuit
et s'appliquent l'une contre l'autre face à
face. Cet effet a lieu principalement aux
sommités de la plante ; la dernière paire de

feuilles devient ainsi une espèce d'abri pour les jeunes pousses et les fleurs naissantes.

2°. Elles sommeillent *en enveloppant la tige*, lorsque, comme dans le *sida abutilon*, l'ayenia, l'enothère molle, les feuilles alternes s'approchent de la tige pendant la nuit principalement vers le sommet de la plante, et recouvrent les fleurs et les rameaux. Dans l'enothère, que je viens de citer, la feuille entière se redresse verticalement et applique sa face supérieure contre la tige ; dans les deux autres, la lame de la feuille est pendante à l'extrémité du pétiole qui se redresse seul, de manière que c'est la face inférieure de la feuille qui s'applique contre la tige.

3°. *En entonnoir :* des feuilles alternes ou opposées, étendues horisontalement dans le jour, se redressent pendant la nuit, se contournent en cornets au sommet de la tige, et renferment les jeunes pousses. On en trouve l'exemple dans la mauve du Pérou, la mandragore, l'amaranthe tricolore et surtout dans l'amaranthe sanguine.

4ᵉ. *Pendante :* les feuilles du sommet, horisontales pendant le jour, s'abaissent aux approches de la nuit, pendent vers la terre et forment une espèce d'abri autour de la tige, dans la balsamine, le lantane, etc.

Le sommeil se manifeste de six manières différentes dans les feuilles composées.

1°. Elles dorment *redressées face contre face* : les folioles du pois de senteur, du baguenaudier commun, du baguenaudier d'Ethiopie, du sainfoin d'Espagne, de la fève de marais, tournent sur leur charnière de bas en haut, se redressent et s'appliquent deux à deux l'une sur l'autre, comme les feuillets d'un livre.

2°. *En berceau :* dans le trefle blanchâtre, le lotus pied d'oiseau, etc., les trois folioles qui composent les feuilles se redressent, se réunissent à leur sommet, s'écartent à leur partie moyenne, et forment ainsi un petit pavillon où sont abritées les jeunes fleurs.

3°. *Divergentes :* les trois folioles de plusieurs mélilots, et notamment du mélilot commun, se réunissent à leur base et tiennent leur sommet écarté.

4°. *Pendantes :* dans le robinia faux-acacia, les réglisses, l'abrus, le lupin blanc, l'oxalis incarnate, l'ipomée d'Egypte ; les folioles sont tout à fait pendantes.

5°. *Rabattues* et *retournées.* Ce sommeil est celui des casses. Le pétiole commun s'élève un peu et les folioles s'abaissent en tournant sur elles-mêmes, de manière qu'elles s'appliquent l'une sur l'autre **par** leur face supérieure, quoiqu'elles pendent vers la terre.

Ce retournement est d'autant plus singulier qu'on ne pourroit l'opérer artificiellement pendant le jour sans courir le risque de briser les vaisseaux des pétioles particuliers.

6°. *Imbriquées :* dans le tamarin des Indes les sensitives, le *gleditsia triacanthos*, les folioles s'appliquent le long du pétiole commun, le cachent entièrement en se recouvrant comme les tuiles d'un toit.

Tels sont les principaux traits que nous présente le sommeil des plantes; mais ce n'est point dans des descriptions toujours imparfaites qu'il faut étudier cet admirable phénomène, c'est sur la Nature elle-même. Après une belle journée d'été, que, dans l'obscurité de la nuit, on parcoure à la lueur d'un flambeau un jardin peuplé de plantes de tous les climats, quelque exercé que l'œil soit à les reconnoître à la clarté du jour, on ne peut plus les distinguer et les nommer alors, tant elles ont changé d'aspect, et, pour ainsi dire, de forme. A voir leurs feuilles pliées sur elles-mêmes et presque toujours pendantes, on les croiroit plongées

dans

dans le sommeil avec tous les êtres sensibles.

Mais quelle cause détermine le changement de position dans les feuilles? Seroit-ce l'action alternative de la chaleur et de l'humidité, comme l'expérience de Bonnet semble l'indiquer? Cela n'est point probable, puisque le sommeil des plantes se manifeste, de même qu'en plein air, dans les serres chaudes où l'on entretient une chaleur toujours égale. Seroit-ce les variations de l'atmosphère? mais alors les feuilles seroient toujours en mouvement, puisque ces variations sont très-multipliées. Seroit-ce l'absence ou la présence de la lumière? Hill et Linnæus l'ont pensé ainsi, non sans quelque probabilité, puisque le sommeil des plantes a lieu durant la nuit, et qu'elles veillent pendant le jour.

Hill croit que si les feuilles sont redressées dans les plantes des pays chauds, ce n'est point à cause de la chaleur du soleil, mais parce que ses rayons ont une lumière plus vive; que si elles sont pendantes dans les contrées septentrionales, ce n'est point parce qu'il y fait froid, mais parce que le jour y est plus foible; que si elles se ferment dans les tems pluvieux, comme il arrive dans quelques plantes, ce n'est point à cause de l'humidité, mais seulement parce que le ciel est plus sombre. Ce savant se fonde sur quelques expériences fort curieuses. Il a vu les feuilles de l'*abrus* s'ouvrir ou se fermer d'une manière plus ou moins sensible, selon les différens dégrés de lumière qui agissoient sur cette plante.

Une expérience plus récente vient à l'appui de l'opinion de Hill. Decandolle, ce jeune et intéressant naturaliste, auquel les sciences sont redevables de plusieurs découvertes très-importantes, est parvenu à changer l'heure du sommeil du *mimosa pudica*, en mettant cette plante dans un caveau obscur qu'il éclairoit avec des lampes pendant la nuit. Les feuilles trompées, si j'ose m'exprimer ainsi, par cette lumière artificielle, s'épanouissoient comme à la lumière du jour, et, plongées dans l'obscurité pendant le jour, elles se fermoient comme elles ont coutume de le faire dans la nuit. Mais quelques physiciens ont observé que cette même sensitive, placée dans un lieu très-obscur, veille et sommeille souvent aux mêmes heures que lorsqu'elle est dans son état naturel; et Decandolle n'a pu changer les heures du *mimosa leucocephala*, ni celles de l'*oxalis incarnata* et de l'*oxalis striata*, quoiqu'il ait soumis ces plantes à la même épreuve que le *mimosa pudica*. Cependant, si l'absence de la lumière étoit la cause unique du sommeil des plantes, il est évident qu'il suffiroit, pour le produire, de les mettre dans un endroit obscur.

Si nous ne savions, par notre propre expérience, que la privation de la lumière n'est point la cause immédiate de l'assoupissement périodique des animaux, il seroit possible que nous commissions, relativement à eux, l'erreur que Hill et Linnæus ont commise à l'égard des plantes ; car le sommeil ayant lieu dans la plupart des animaux après le coucher du soleil, il paroît fort simple, au premier coup d'œil, d'attribuer à l'absence de la lumière cette espèce d'engourdissement, qui cependant tient à un autre principe. On peut affirmer la même chose par rapport aux plantes. Quant à moi, je suis porté à croire que leur sommeil dépend, comme celui des animaux, d'une cause interne, et que les phénomènes, qui paroissent agir sur elles, ne sont que des causes secondaires et accidentelles. Pourquoi n'admettroit-on pas qu'elles ont une force vitale qui détermine certains mouvemens extérieurs? Vouloir les considérer comme de simples machines, c'est fermer les yeux sur tous les phénomènes de leur existence, tels que la nutrition, le développement, la fécondation, etc.; phénomènes qui supposent dans les êtres organisés une puissance qui n'a rien de commun avec les lois connues de la mécanique; et si l'on ne peut nier cette force vitale, n'est-il pas naturel de croire qu'elle doive quelquefois se manifester au dehors, par des mouvemens indépendans, jusqu'à un certain point des objets extérieurs?... Mais, cette opinion étant admise, nous pouvons présumer que ces mêmes objets extérieurs agissent sur l'organisation et deviennent la cause occasionnelle d'effets, dont la cause immédiate réside dans l'être même; ainsi le sommeil des animaux n'est pas la suite nécessaire de la privation de la lumière, mais la nuit favorise le repos, et presque tous les êtres sentans et animés s'y abandonnent; et de même, le sommeil des plantes, bien qu'il n'ait pas pour cause première l'humidité, la fraîcheur ou la nuit, a lieu lorsque le soleil s'est retiré de dessus l'horison, parce que cette époque est, dans la révolution diurne, celle qui convient le plus à l'exercice de cette faculté.

Je le répète : que cette expression de sommeil ne nous entraîne point dans des conséquences précipitées ; l'activité des sens rend le repos nécessaire ; mais pourquoi les plantes, qui ne sentent pas, se reposeroient-elles ? Qu'est-ce que le repos d'un végétal ? Qu'y a-t-il de commun entre notre sommeil et la position que leurs feuilles affectent ? Si les moyens échappent à notre vue, le but n'est pas moins caché. Il existe entre les plantes et nous une distance immense qui ne permet ici ni comparaison, ni analogie.

Il semble néanmoins que les plantes sont douées d'irritabilité comme les animaux. Il n'est personne qui n'ait ouï parler des mouvemens extraordinaires des feuilles de la sensitive (*mimosa pudica*). Cette plante, originaire de l'Amérique et cultivée dans nos serres, a été l'objet de beaucoup d'expériences, de recherches et de systèmes, sans que, jusqu'ici, tous ces travaux aient jeté la plus foible lumière sur les moyens employés par la Nature pour produire l'irritabilité végétale. Une secousse, une égratignure, la chaleur, le grand froid, les odeurs fortes, les liqueurs volatiles, les réactifs, en un mot, tout ce qui peut agir sur les organes des animaux, agit sur la sensitive. Lorsque l'irritabilité est portée au dernier dégré, toutes les folioles s'appliquent les unes sur les autres par leur face supérieure, et le pétiole commun s'abaisse vers la terre; mais souvent l'irritabilité ne se montre que dans quelques parties. Si l'on touche légèrement l'une des folioles, elle seule s'ébranle et tourne sur son pétiole particulier; si l'attouchement a été un peu plus fort, l'irritation se communique à la foliole opposée, et les deux folioles se joignent sans que les autres éprouvent aucun changement dans leur situation. Si l'on gratte avec la pointe d'une aiguille une tache blanche qu'on observe sur les pétioles particuliers, et qui n'est que l'articulation ou la charnière sur laquelle se meut la foliole, celle-ci s'ébranle tout à coup et beaucoup plus facilement que si la pointe de l'aiguille eût été portée sur tout autre endroit. Le vent et la pluie font fermer les feuilles, mais ce n'est que par l'agitation qu'ils causent à la plante. Quoique fanées, ces feuilles ont encore des mouvemens très-marqués, parce que les articulations ne s'altèrent point aussi promptement que le reste, et qu'elles sont évidemment le siège de l'irritabilité. Le tems nécessaire à une feuille de sensitive, pour se rétablir, varie suivant la vigueur de la plante, l'heure du jour, la saison et d'autres circonstances de l'atmosphère ; l'ordre dans lequel les différentes parties se rétablissent varie pareillement. Si l'on coupe adroitement avec des ciseaux, et sans causer de secousse, la moitié d'une foliole de la dernière ou de l'avant-dernière paire, presque aussitôt la foliole mutilée et celle qui lui est opposée se rapprochent ; l'instant d'après, le même mouvement a lieu dans les folioles voisines, et continue de se communiquer, paire par paire, jusqu'à ce que toute la feuille soit repliée. Souvent encore, après douze ou quinze secondes, le pétiole commun s'abaisse, et les folioles se rapprochent, mais alors l'irritation, au lieu de se communiquer du sommet de la feuille à sa base, se communique de la base au sommet. L'eau forte, la vapeur du soufre enflammé, l'ammoniaque, le feu appliqué par le moyen d'un verre ardent, produisent des effets analogues. Une chaleur trop forte, la privation de l'air, la submersion ralentissent ces mouvemens, en altérant la vigueur de la plante.

Le hasard a rendu le célèbre Desfontaines témoin d'un phénomène très-singulier ; il étoit en voiture et transportoit d'un lieu dans un autre un pied de sensitive; le mouvement communiqué à la plante fit d'abord fermer toutes les feuilles, mais elles se rouvrirent insensiblement et ne se fermèrent plus pendant la route, comme si elles se fussent accoutumées au balancement de la voiture.

Il est bon d'observer que, lorsque les feuilles se replient, ce n'est point par l'effet d'une défaillance momentanée; elles sont au contraire dans un état de contraction, telle qu'on romproit plutôt leurs articulations que de les redresser et de les étendre.

Les mouvemens du sainfoin oscillant (*hedysarum gyrans*) ne sont pas moins remarquables que ceux de la sensitive. Cette plante croît au Bengale. Nous la cultivons dans nos serres. Ses feuilles sont ternées, c'est-à-dire, que, semblables à celles du trèfle, elles sont composées de trois folioles attachées par des articulations sur un pétiole commun; la foliole du milieu est grande; les deux latérales sont très-petites; la première est immobile dans une situation horisontale pendant le jour, et couchée sur la branche ou la tige pendant la nuit; les autres sont nuit et jour en mouvement; elles tournent sur leur charnière et décrivent continuellement un arc de cercle. Le mouvement qui porte en bas est plus prompt que celui qui les fait aller en haut; le premier est même quelquefois exécuté par secousse, ou du moins il n'est pas égal; le mouvement d'en haut est au contraire très-uniforme. Le plus souvent chaque foliole se meut dans un sens opposé; quelquefois l'une est stable, tandis que l'autre s'agite. Ce mouvement est si naturel que, si l'on vient à l'interrompre en fixant une des folioles, il recommence dès que l'obstacle est levé. Tout mouvement cesse dès que la grande foliole est agitée par le vent ou par toute autre cause extérieure.

La *dionœa muscipula*, plante de l'Amérique septentrionale, a des mouvemens si extraordinaires qu'on seroit tenté de la prendre plutôt pour un animal chasseur qui guette et saisit sa proie, que pour un être privé du sentiment. Sa feuille est formée de deux lobes semblables, réunis comme par une charnière; la face supérieure est couverte de verrues terminées par des poils, d'où s'échappe une liqueur visqueuse. Les mouches et autres insectes, attirés par cet appât, viennent se reposer sur la feuille et l'irritent par leurs mouvemens; les deux lobes alors tournent sur leur charnière, saisissent les malheureux insectes et les serrent d'autant plus qu'ils s'agitent davantage. Quand cette violente pression les a fait périr, ou du moins leur a ôté le mouvement, la feuille s'ouvre et reprend sa première position.

Mais, sans aller chercher au loin nos exemples, nous possédons une plante dont les mouvemens ne sont pas moins dignes d'attention que ceux de la dionœa; c'est le joli rossolis à feuilles rondes (*droscera rotundifolia*), qui croît aux environs de Paris. Ses feuilles sont bordées de poils terminés par une petite goutte de liqueur. Quand un insecte se pose sur le disque d'une feuille, elle se ferme comme une bourse à jetons dont on tire les cordons, et l'insecte meurt, tout couvert du suc visqueux qui s'échappe de l'extrémité des poils. C'est un spectacle aussi bizarre qu'il est étonnant, de voir, comme j'ai eu plusieurs fois occasion de l'observer, presque toutes les feuilles de cette petite plante formant des prisons enduites de glu, où sont retenus quelques insectes, tels que des fourmis ou de petites mouches. Ainsi la rencontre d'un gazon de rossolis est aussi terrible, pour ces légions de créatures foibles et misérables, que l'explosion d'un feu souterrain pour les peuplades humaines ; mais ces désordres ont leurs limites ; et, tandis que les individus sont en proie à mille dangers, les espèces ne cessent pas de se propager, et ces innombrables races d'êtres éphémères ne sont pas moins que la race humaine sous la main protectrice de la Nature.

La casse pudique, l'oxalis sensitive, l'onocle sensitive, nous offrent d'autres exemples d'irritabilité dans les feuilles.

Je suis entré dans des détails tels, qu'il est facile de juger si c'est avec raison que quelques auteurs ont rapporté tous ces mouvemens à des causes purement mécaniques. Croira-t-on, par exemple, que les fluides, en passant des vaisseaux des pétioles dans ceux des feuilles, et de ceux-ci, retournant dans les premiers, soient la cause de la contraction momentanée de la sensitive, et de l'agitation perpétuelle du sainfoin oscillant? Croira-t-on que les fluides, en se dégageant par les poils du rossolis et de la *dionæa muscipula*, diminuent la tension des nervures et forcent la feuille à se replier sur elle-même? Ces systèmes n'ont rien de solide, rien qu'on puisse accorder avec les observations ; c'est un jeu de l'imagination, qu'on ne peut même justifier par les apparences. Une théorie n'est ingénieuse qu'autant qu'elle paroît raisonnable.

Je vais plus loin : en supposant, avec les auteurs de ces systêmes, que le mouvement des fluides soit la cause de celui des feuilles, on n'explique rien encore ; car il faut dire ce qui met les fluides en mouvement, et comment leur mouvement occasionne celui des feuilles. Cette difficulté a été sentie, et on a prétendu la lever en disant que tout ébranlement causé à la feuille suffit pour donner, aux fluides amassés dans certains vaisseaux, la facilité de s'écouler, et par cela même, de mettre en mouvement les différentes parties. Mais, pour sentir toute la foiblesse de ce raisonnement, il ne faut que se rappeler l'agitation continuelle des folioles du sainfoin oscillant, et toutes les expériences que j'ai rapportées au sujet du *mimosa pudica*.

Comment se peut-il que le desir d'expliquer des phénomènes inexplicables, ait aveuglé les auteurs de ces systêmes au point qu'ils ne font aucun compte des expériences de leurs prédécesseurs, et qu'ils raisonnent sur ces choses d'une obscurité profonde, comme si rien n'étoit plus clair et plus simple? Il faut en convenir, il est des phénomènes inexplicables, parce qu'ils tiennent à la nature des élémens ou à leur arrangement intime, et qu'il n'est point donné à l'homme de connoître l'essence des choses : telles sont les lois de l'attraction, des affinités chimiques, de l'irritabilité animale, et sans doute aussi, de l'irritabilité végétale. On a même des données beaucoup plus nettes sur l'irritabilité animale que sur celle des végétaux, parce que l'une est beaucoup plus facile à étudier que l'autre ; on sait, par exemple, que cette irritabilité réside dans les muscles ; qu'elle se manifeste par la contraction des parties ; qu'il en résulte des mouvemens que les lois de la mécanique expliquent jusqu'à un certain point : mais on ignore absolument où est le siège de l'irritabilité végétale. Quelques physiciens ont cru qu'il étoit dans les trachées dont les spires, selon eux, ont la propriété de se resserrer et de se relâcher alternativement ; ils fondoient peut-être leur opinion sur ce que Malpighi rapporte qu'il a observé dans ces organes un mouvement vermiculaire ; mais Malpighi n'a vu ce phénomène qu'une seule fois, et on ne l'a pas revu depuis lui ; on n'en peut donc rien conclure. Il y auroit d'ailleurs de fortes raisons à opposer à ce systéme. En considérant la structure des trachées, l'époque de leur développement et la place qu'elles occupent dans le végétal, on verroit que ces vaisseaux sont les plus anciens, et par conséquent ceux dans lesquels on peut le moins supposer d'irritabilité à cause de l'endurcissement du tissu; que leurs spires se touchent, et qu'ainsi il ne paroît pas qu'ils doivent se rouler et se dérouler, comme on le suppose; qu'enfin ils sont placés ordinairement dans un étui du tissu tubulaire qui les maintient, et doit être un obstacle à leurs mouvemens. Je croirois donc plutôt que le mouvement des plantes résulte de la contraction du tissu cellulaire; mais j'avoue que cette hypothèse n'est appuyée sur aucune observation directe.

On n'a point encore assez étudié l'organisation des articulations des feuilles, sur-tout dans celles qui sont irritables, telles que les feuilles de la sensitive ou du sainfoin oscillant. Peut-être trouveroit-on, dans l'examen anatomique de ces parties, la solution du problême, qui n'est pas de savoir quelle est la cause première de l'irritabilité végétale, car cette question paroît insoluble, mais dans quel organe elle réside, et comment elle agit.

A R T I C L E V.

Chûte des feuilles.

A l'époque où les plantes annuelles se dessèchent, les feuilles de la plupart des plantes ligneuses se détachent. Dans nos climats, c'est en automne que ces deux phénomènes ont lieu. Les feuilles des arbres sont des productions herbacées qui ont le sort des végétaux annuels. En vieillissant, leurs facultés s'éteignent ; elles cessent de prendre dans la nuit d'autres positions que celles qu'elles avoient dans le jour ; leur irritabilité diminue. Les feuilles de la sensitive, d'abord si promptes à se fermer à la moindre secousse, ne se replient alors qu'avec lenteur ; celles du sainfoin oscillant deviennent presque immobiles. Certaines causes extérieures, se joignant à la vieillesse, cause première et inévitable de la mort des êtres organisés, hâtent encore le dépérissement des feuilles. L'époque de leur chûte est celle où la chaleur et la lumière sont sans force, où les froids commencent à se faire sentir, où l'humidité de l'air devient excessive, où par conséquent l'action vitale est moins puissante. Alors les feuilles n'aspirent plus les vapeurs de l'atmosphère, et ne rendent plus qu'une petite quantité de gaz oxigène; elles ne peuvent supporter sans altération la fraîcheur de la nuit; leur parenchyme se désorganise, et leurs sucs, devenus stagnans, se décomposent et changent de couleur.

Le moment où la végétation expire offre encore un brillant spectacle, et la dernière parure des végétaux est souvent plus magnifique et plus éclatante que celle qui les embellissoit dans les beaux jours de l'été. Les feuilles se teignent de mille nuances diverses, et la vivacité de leur coloris surpasse quelquefois celle des fleurs mêmes. Elles jaunissent dans le peuplier, rougissent dans la vigne, brunissent dans le noyer, bleuissent dans le chèvrefeuille, etc. etc.; mais ce nouveau coloris est de courte durée.

Dans l'origine, le tissu tubulaire de la feuille communiquoit avec celui du liber; ils n'avoient tous deux qu'une consistance herbacée, les fluides passoient sans obstacle de l'un dans l'autre, et le pétiole adhéroit fortement à l'écorce. Mais un bouton naît dans l'aisselle de la feuille; en grossissant, il écarte et repousse le pétiole; le liber prend de jour en jour plus de consistance; les tubes

s'alongent

s'alongent, se durcissent, se pressent vers le centre du végétal ; l'écorce, au contraire, se dilate et s'éloigne du centre ; la feuille cesse de transpirer, et par conséquent de recevoir les fluides que la tige lui envoie. Elle est repoussée à l'extérieur; elle ne végète plus ; elle tend à se détruire : les tubes et le tissu cellulaire qui l'unissent à la branche s'oblitèrent ; elle tombe, se décolore, se réduit en poussière, et rend à la Nature organisée les élémens qui la composent.

Cette époque n'est pas la même pour tous les végétaux. Les chênes et les charmes ne perdent leurs feuilles qu'au retour du printems, quoiqu'elles se soient desséchées à l'approche de l'hyver, parce que, dans ces arbres, le tissu tubulaire du pétiole acquiert plus de vigueur, et prend, jusqu'à un certain point, la consistance ligneuse. D'autres végétaux conservent leurs feuilles toute l'année ; c'est pourquoi on leur a donné le nom d'arbres verds. Tous les arbres verds contiennent des sucs résineux, qui probablement garantissent leurs feuilles de la désorganisation. Cette opinion paroît d'autant plus fondée, que nous savons, par expérience, qu'un arbre verd greffé sur un arbre, dont les feuilles tombent chaque année, les lui fait conserver. L'yeuse, greffée sur le chêne, a constaté ce phénomène.

Mais comment les sucs résineux peuvent-ils garantir les feuilles durant la rigueur de l'hyver ? C'est ce qu'on a essayé d'expliquer par l'hypothèse suivante. L'eau et l'acide carbonique, séjournant dans les feuilles sans se décomposer, sont sans aucun doute la cause principale de leur désorganisation et de leur chûte : si les feuilles des plantes, mises à l'obscurité, se détachent prompte-ment, c'est parce que l'oxigène de l'eau et de l'acide carbonique ne se dégage plus ; mais, s'il existoit dans les feuilles une sub-stance capable d'absorber l'oxigène sura-bondant, l'hydrogène et le carbone, mis à nu, se combineroient, et les feuilles ne souf-friroient plus de l'humidité. Voilà précisé-ment ce qui a lieu dans les arbres verds ; la résine est cette substance nécessaire pour l'absorption de l'oxigène, et ce qui prouve qu'elle l'absorbe en effet, c'est qu'à l'époque de la chûte des feuilles, c'est-à-dire, lorsque les froids commencent à se faire sentir, les sucs résineux des arbres verds se durcissent; or, la chimie nous apprend que la surabon-dance d'oxigène épaissit les résines.

Les arbres qui se couvrent de feuilles

TABLEAU DU TEMS

Où les PLANTES les plus connues quittent leurs feuille dans le climat de Paris, d'après ADANSON.

NOMS DES PLANTES.	TEMS où elles quittent leurs feuilles.
	vers le
Groseiller blanc...................	1 octobre.
Baguenaudier	9 vendémiaire.
Noyer.........................	15 octobre.
Frêne........................	23 vendémiaire.
Amandier.......................	
Marronnier	20 octobre.
Tilleul........................	28 vendémiaire.
Erable	
Coudrier......................	25 octobre.
Peuplier noir	5 brumaire.
Tremble......................	
Bouleau.......................	
Saule marceau...................	
Poirier........................	1 novembre.
Erable plane....................	10 brumaire.
Robinia	
Pommier......................	
Vigne.........................	
Mûrier........................	
Figuier........................	10 novembre.
Sumac........................	19 brumaire.
Aralie en arbre	
Asperge	
Orme.........................	15 novembre.
Saule ....,..................	24 brumaire.
Abricotier.....................	20 novembre.
Sureau.......................	29 brumaire.

les premiers sont aussi les premiers à s'en dépouiller ; cette loi n'est cependant pas exempte d'exceptions. Le sureau, dont la feuillaison précède celle de presque tous les autres arbres, ne dépose ses feuilles que fort tard ; dans la même espèce, les arbres les plus anciens se dépouillent avant les jeunes, et les féconds avant les stériles.

Mais lorsqu'une plante herbacée quitte ses feuilles, c'est toujours par suite de maladie : ordinairement elle les conserve jusqu'à son entière destruction, et les élémens désorganisateurs agissent à la fois sur tout l'individu sans en séparer les membres. Cela résulte de la parfaite harmonie qui règne entre toutes les parties ; la mort les frappe en même tems : la tige et les rameaux ne sont pas plus durables que les feuilles. Dans les plantes ligneuses, au contraire, les tiges et les rameaux continuent de croître, et les feuilles desséchées sont rejetées comme des corps étrangers (1).

______

(1) Voyez le tableau ci-contre, n° 2.

CHAPITRE VI.

Des branches et des rameaux. De leur organisation et de leur développement.

Le bouton développé forme le bourgeon. Les feuilles tombent à une époque déterminée ; mais l'axe qui leur servoit d'appui survit à leur chûte et devient une branche, s'il prend naissance dans la tige, et un rameau, s'il a sa racine dans une branche. Les feuilles détachées laissent des cicatrices sur ce rejeton ; les sucs attirés vers ces plaies pénètrent les nouveaux boutons ; ils se gonflent au déclin de la belle saison et se nourrissent de la sève d'automne ; ils restent pendant l'hyver dans une espèce de sommeil semblable à celui de la graine, et lorsque le soleil du printems réchauffe la terre engourdie et ramène la sève dans les branches, ils s'épanouissent, se développent en bourgeons et deviennent des rameaux à leur tour : ainsi, les branches sont produites par le tronc principal, et les rameaux sont produits par les branches ; mais ces expressions de branche et de rameau ne sont rigoureuses que lorsqu'il s'agit des arbres; car, dans les arbrisseaux et les herbes, on se sert indifféremment de l'un et de l'autre mot, pour désigner les premières divisions des tiges. Ces parties ne sont qu'une extension du tronc, et elles ont absolument une organisation et des développemens semblables aux siens.

L'origine des branches est la même que celle des feuilles; mais les tubes et le tissu cellulaire, qui leur servent de racines, sont plus abondans et plus vigoureux. On peut considérer les branches comme des végétaux dont les racines seroient fixées sur un sol ligneux. En effet, leur base, engagée dans la tige, forme un cône semblable à la racine; le sommet du cône regarde le centre; sa base est appuyée sur l'écorce; il se dilate à mesure qu'il s'éloigne de son origine, et il se remplit d'un tissu cellulaire, de même que la racine, en approchant du collet de la plante. La partie saillante de la branche forme également un cône dont la base est opposée à la base du cône intérieur, et qui répond parfaitement à celui que forme la tige sur la racine.

Dans les dicotyledones, la création des boutons et des branches est due au tissu alongé du centre à la circonférence. Les fluides, qui le pénètrent, le poussent hors de la tige sous la forme d'un bouton ; mais dans les monocotyledones, ce sont les filets longitudinaux qui se détournent et se prolongent en diagonale jusqu'à l'écorce qu'ils traversent.

La physionomie générale du végétal, que les botanistes ont appelée l'*habitus* ou le *port,* dépend principalement de la disposition et de la direction des branches ; elles naissent en spirale, opposées, verticillées, éparses, distiques comme les feuilles, et forment avec la tige un angle plus ou moins aigu ou obtus. Les unes se redressent vers le ciel, d'autres s'étendent horisontalement, beaucoup se courbent vers la terre ; mais, indépendamment de cette direction, dont on ignore la cause, parce qu'elle tient à la nature même des espèces, on a remarqué que la lumière et l'air agissent puissamment sur les branches et les rameaux, et leur font prendre des directions particulières. Personne n'ignore que les pousses récentes fuient l'ombre et cherchent la clarté du jour ; qu'un végétal se penche pour s'écarter d'un abri ; que les feuilles et les jeunes rameaux des plantes, renfermées dans une serre, se

tournent vers les vitraux et s'en approchent autant que leur flexibilité le permet.
Ce même besoin de la lumière et de l'air
se manifeste dans les plantes dont les développemens n'éprouvent aucun obstacle; les
branches les plus voisines de la terre s'alongent horisontalement pour éviter l'ombre
des branches supérieures, et celles-ci forment, avec la tige, un angle d'autant plus
aigu, qu'elles approchent plus de la cime.
Les rameaux ont à peu près la même direction, par rapport aux branches.

Selon Schabol, on peut distinguer dans
les arbres fruitiers cinq différentes espèces de
branches : 1° celles dont la surface est lisse,
dont les tubes sont droits, faciles à séparer,
qui plient sans se rompre nettement et ne
donnent que du bois : on les nomme *branches
à bois* ; 2° celles dont la base est ridée et
criblée de trous comme un dé à coudre, le
tissu plus croisé, les tubes plus nombreux,
les sucs plus épais; ce sont les *branches à
fruits* ; elles portent en effet les boutons à
fleurs ; elles se rompent nettement quand on
les plie. 3° Il est des branches qui ressemblent
beaucoup à celles à bois, et qui cependant
ne durent guère, parce qu'elles n'ont point
leurs racines dans le bois, mais seulement

dans l'écorce : on les appelle *branches à faux bois*. 4° D'autres ont leur base fort large ; leur écorce est brune, raboteuse ; leurs boutons noirs et clair-semés ; elles ont, comme les précédentes, leurs racines dans l'écorce ; elles se nourrissent aux dépens des branches utiles ; elles naissent promptement et périssent de même : on les nomme *branches gourmandes*. 5° Viennent enfin celles qu'on a nommées *branches chiffonnes* ; elles sont inutiles aux arbres vigoureux, et nuisibles aux arbres foibles ; elles attirent à elles les sucs, et fatiguent le végétal sur lequel elles prennent naissance. Elles n'ont pas plus de durée que les branches gourmandes.

On sent combien il importe d'étudier cette partie. C'est par l'observation de ces faits qu'on apprendra à diriger la sève et à perfectionner la culture des arbres utiles.

CHAPITRE VIII.

Correspondance des branches et des racines.

Les branches, les tiges et les racines ont ensemble une étroite correspondance ; toutes leurs parties sont continues les unes aux autres, et présentent une organisation uniforme. Les racines puisent dans la terre les fluides nécessaires à la végétation ; ils sont portés dans la tige, s'élèvent dans les branches, se distribuent dans les rameaux les plus déliés, pénètrent jusques dans les feuilles. Là, ces fluides élaborés par l'air, la lumière et la chaleur changent de nature, et deviennent des sucs propres. Les feuilles et les jeunes rameaux sont aussi des organes absorbans ; ils pompent les vapeurs de l'atmosphère qui sont conduites dans les racines. Il y a donc entre toutes les parties un balancement continuel de fluides sans cesse portés de la base au sommet et du sommet à la base. La tige est une partie intermédiaire entre deux organes, dont les différences paroissent dépendre uniquement de la position. Les racines représentent dans la terre les branches qui couronnent la plante. La croissance et le développement de ces deux organes ont beaucoup de rapports. Si l'on retranche d'un arbre quelques branches considérables, les racines qui y correspondent souffrent toujours et quelquefois périssent. Si l'on taille les rameaux pour les aligner, les racines ne s'étendent plus et prennent insensiblement la forme que le ciseau donne aux ramifications supérieures. Si l'on coupe la sommité de la tige, les branches latérales prennent plus de vigueur, comme les racines latérales prennent plus de force quand on retranche l'extrémité de la racine principale. La chûte des feuilles fait périr le chevelu; enfin, l'expérience prouve que le sommet d'une tige, recouvert de terre, peut jeter des racines, et que les racines, exposées à l'air, peuvent produire des feuilles

CHAPITRE VII.

Des tiges grimpantes ; des griffes, des vrilles et des mains des plantes.

Les tiges, en général, s'élèvent vers le ciel et se soutiennent par leurs propres forces dans une situation verticale ; quelques-unes cependant rampent, et couvrent la terre de leurs rameaux foibles et débiles ; plusieurs, moins foibles que celles - ci, ramperoient également, si la Nature ne leur avoit donné l'étonnante faculté de se rouler en spirale autour des corps qu'elles rencontrent, et de s'élever par ce moyen à des hauteurs considérables. On a remarqué que presque toutes les plantes grimpantes affectent une direction dans les spires qu'elles décrivent : les unes se roulent toujours de droite à gauche, comme le liseron, le haricot ; les autres, au contraire, se roulent de gauche à droite, comme le chevrefeuille des bois et le houblon. Quelques - unes, c'est le plus petit nombre, se contournent indifféremment dans un sens ou dans un autre, et se portent d'abord vers les corps les plus voisins. Lorsque ces plantes tournantes ne trouvent pas de soutien, on les voit souvent s'unir en faisceau, se prêter un appui mutuel, et, fortes par leur nombre, porter leurs tiges vers le ciel. Si quelques circonstances contraignent une plante, qui affecte une direction dans ses spires, à tourner dans un sens opposé, elle se dessèche; mais qu'elle soit rendue à elle-même, bientôt elle reprend, avec sa direction naturelle, sa vigueur et sa santé, comme un animal dont on auroit gêné l'instinct et les habitudes, et qui reprendroit sa liberté première.

Certaines plantes débiles ne peuvent, comme celles-ci, s'entortiller autour des corps; mais elles ont reçu des organes particuliers qui suppléent à cette faculté. Le lierre, dont les rameaux toujours verds couronnent le sommet des plus grands arbres, tapissent les rochers escarpés et montent sur le faîte des édifices, est armé de *griffes*, à l'aide desquelles il se soutient et s'élève. Elles garnissent quelquefois toute la longueur de ses tiges et de ses rameaux. La bignone à feuilles de frêne, a également des griffes, mais elles naissent dans cette plante au voisinage des boutons. Ces griffes sont

des espèces de racines formées par l'écorce
et par le bois.

Enfin, quelques plantes également foibles
ont des *mains* ou des *vrilles*, avec lesquelles
elles saisissent les corps et soutiennent leurs
tiges, qui, dénuées de ce secours, ramperoient à la surface de la terre. Ce sont de
longs filets flexibles, quelquefois divisés en
rameaux ; mais ne portant point de feuilles,
et qui ont une tendance toute particulière
à se cramponner autour des corps qu'ils rencontrent. Ils se contournent, s'attachent
avec force et soutiennent le poids des tiges
d'autant plus facilement que la roideur de
leur tissu augmente à mesure que la plante
grandit et acquiert plus de vigueur. On retrouve dans les vrilles les mêmes parties
élémentaires que nous avons observées dans
les tiges, et elles y sont distribuées à peu
près dans le même ordre.

La lumière agit sur cet organe comme sur
différentes autres parties ; il se contourne,
se penche vers elle, et semble la chercher.

Déjà j'ai parlé des sympathies et des an-
tipathies des végétaux. C'est dans les plantes
grimpantes que ce phénomène est le plus
facile à observer. Telle plante ne sera pas
indifférente sur le choix de l'arbre qui devra

la soutenir ; tel arbre ne sera jamais couronné des rameaux du lierre ou de tout autre végétal qui ne peut s'élever sans appui.

Souvent on voit les plantes grimpantes enlacer leurs derniers rameaux aux branches des arbres les plus élevés ; leurs tiges débiles se contournent autour des troncs vigoureux, et les arbres cachés sous un amas de feuilles et de branches qui ne leur appartiennent pas, deviennent, pour ainsi dire, méconnoissables ; serrés et recouverts de toutes parts, ils cessent de transpirer et d'aspirer les fluides ; ils périssent sous le poids d'ornemens étrangers ; ils tombent en pourriture, et les plantes qui les ont étouffés, s'appuyent les unes sur les autres, restent debout, et forment quelquefois une colonne à jour que l'art ne sauroit imiter.

CHAPITRE IX.

Des protubérances connues sous le nom de glandes.

Il semble que, dans l'organisation animale, on ne puisse deviner le secret de la Nature à cause de l'extrême complication des moyens, et qu'au contraire dans les végétaux, ce soit la grande simplicité de l'organisation qui doive faire le désespoir de l'observateur. Les plantes ont sans doute des glandes intérieures, comme je l'ai fait voir en parlant des organes élémentaires , mais comment doit-on considérer les petites protubérances qui distillent des liqueurs à la surface du végétal , et présentent sur l'épiderme l'aspect de godets , de globules , d'outres , de vésicules , d'écailles , de mamelons , etc. ? Ces corps , ou , si l'on veut , ces glandes ne paroissent , au microscope , qu'une dilatation du tissu cellulaire ; on n'y observe aucun vaisseau particulier , et cependant nul doute que ces parties ne servent aux sécrétions comme les glandes animales. Elles contiennent des résines , des gommes , des huiles essentielles, des liqueurs acides ou sucrées, souvent aromatiques. On les trouve en grande quantité sur les plantes résineuses; celles qui recouvrent les feuilles des pins, des sapins, des cyprès, etc. ressemblent à des points nombreux : leur forme leur a fait donner le nom de *glandes miliaires*. Celles des feuilles de myrte, de millepertuis, de l'écorce d'orange ou de citron, etc. sont de petites vésicules connues sous la dénomination de *glandes vésiculaires*. Les *glandes écailleuses* sont des lames arrondies que l'on observe à la base des pistils ; elles accompagnent le disque charnu des fleurs des nerpruns, des jujubiers, etc. ; ordinairement ce sont elles qui séparent de la masse des fluides le nectar caché au fond des périanthes. Les *glandes globulaires* ont l'aspect de petits globes ; on les voit dans les arroches, les anserines, etc. Elles couvrent quelquefois toute la superficie des stigmates et rejettent cette liqueur visqueuse que quelques physiologistes ont considérée à tort comme le fluide fécondant de l'organe femelle. Les *glandes lenticulaires* ont la forme de petites lentilles. Le *psoralea glandulosa*, et les jeunes branches des arbres en offrent des exemples. Enfin, les *glandes à godet*

godet sont creusées en coupe ; on peut les remarquer à la base des feuilles des amandiers, des pruniers, des pêchers.

Souvent ces organes sécrétoires ont à leur sommet un pore alongé, ou un poil formant comme une espèce de tuyau. J'ai traité des pores dans le livre des organes élémentaires ; ce que je dirai des poils, dans le chapitre suivant, servira de complément à l'Histoire des glandes : il y a beaucoup de rapports entre ces organes.

CHAPITRE X.

Des poils.

LES poils, les piquans, les plumes, les écailles, qui recouvrent les animaux, les mettent à l'abri de l'intempérie des saisons, et leur servent quelquefois d'armes défensives contre la griffe ou la dent de leurs ennemis; les cornes, les dents, les griffes, etc., sont des armes plus redoutables qu'ils emploient pour l'attaque et pour la défense. Mais à quoi servent le duvet, les poils, les piquans dont les plantes sont recouvertes, puisqu'elles sont immobiles et privées de sensibilité et de mouvement volontaire? Cette question est difficile à résoudre.

Les poils des végétaux sont de petits filets déliés et flexibles, qui naissent à la superficie de l'épiderme. Ils varient beaucoup dans leurs dimensions et leur aspect. Tantôt ils sont à peine visibles; tantôt ils sont longs et clair-semés; tantôt ils forment sur les feuilles, les rameaux, les calices, un tissu entrelacé, semblable à une étoffe de laine ou de coton; ou bien ils sont lisses, polis, luisans comme de la soie; tantôt ils sont rudes et durs comme une brosse de crin, etc. Leur couleur n'est pas moins variable; il y en a de blancs, de rouges, de bruns, de fauves, etc. Leur forme diffère aussi suivant les espèces : ils ressemblent à des aiguilles, à des alènes, à des cornes, à des rameaux, à des chapelets, à des hameçons, à des scies, à des goupillons, à de petits soleils, etc. Si nous examinons leur organisation, nous verrons qu'ils sont formés par de petites portions de tissu cellulaire, prolongées à l'extérieur; quelquefois ils sont fermés à leur extrémité; d'autres fois ils sont terminés par un pore. Le résultat de mes observations m'a conduit à penser que leur formation est due à l'action des fluides attirés vers la circonférence et à l'élasticité du tissu cellulaire; quand les membranes sont peu flexibles, elles se déchirent et livrent passage aux fluides qui les pressent; alors l'épiderme devient poreux; mais, quand les membranes, au contraire, obéissent à l'action des fluides, elles se prolongent extérieurement et couvrent l'épiderme de poils plus ou moins déliés; enfin, les poils dont le sommet est ouvert, nous offrent l'exemple de membranes d'abord élastiques, mais qui finissent par se déchirer.

Les poils laissent échapper des liqueurs de différentes natures. Ce sont des sucs limpides ou visqueux, doux ou acides, fades ou corrosifs, etc. Dans l'ortie, les sucs sont très-corrosifs, et c'est à quoi il faut attribuer la démangeaison que causent les poils de ce végétal, et non à la piquure même, dont on ne s'apercevroit pas sans cette liqueur brûlante. Il est des serpens dont la gueule est armée de crochets aigus et sillonnés, placés sur des corps glanduleux; lorsqu'on irrite ces reptiles et qu'ils mordent, leurs glandes pressées laissent couler un venin qui suit le sillon et se répand dans la blessure. De même, le poil de l'ortie, pénétrant dans les chairs, éprouve une pression qui lui fait dégorger le suc corrosif qu'il contient. L'ortie desséchée blesse et ne cause pas de sensation douloureuse; il en est de même de l'ortie fraîche trempée dans l'eau. Dans le premier cas, la liqueur s'est évaporée; dans le second, elle s'est délayée et elle est sans force.

Une plante a souvent des poils très-différens sur ses différentes parties. Les jeunes feuilles en ont plus que les anciennes. Les

plantes des terres maigres et arides en ont
plus que les plantes de même espèce nées
dans des terres plus fertiles. Les plantes des
climats chauds et des hautes montagnes en
sont souvent toutes couvertes; les plantes
exposées à une vive lumière en ont une plus
grande quantité. Tous ces faits s'expliquent
par l'examen des fonctions des poils; ils
remplissent, selon les circonstances, un rôle
très-différent. Ce sont des organes excrétoires et absorbans; ce sont encore des
espèces de glandes où s'opèrent les décom-
positions, les sécrétions et les combinaisons
des fluides. L'humidité contenue dans le
végétal et celle de l'atmosphère tendent
toujours à se mettre en équilibre; lorsque
l'air extérieur est plus sec que le végétal,
celui-ci laisse échapper des vapeurs humides
ou des sucs qui lui sont propres; lorsque,
au contraire, l'atmosphère est plus humide,
c'est le végétal qui recueille et pompe l'humidité. Mais Hales et Bonnet ont démontré
que l'absorption et la transpiration sont
d'autant plus abondantes que le végétal présente plus de surface; il n'y a donc pas de
doute que les poils, par cela seul qu'ils
augmentent la surface, servent à ces deux
opérations. De plus, l'on doit faire entrer

en ligne de compte l'extrême ténuité des poils que la chaleur et l'humidité pénètrent facilement, et qui par conséquent favorisent bien davantage cette absorption et cette déperdition de fluides que ne le pourroit faire, à surface égale, un corps plus volumineux. Si les jeunes feuilles sont plus velues que les anciennes, l'expérience nous prouve qu'elles transpirent davantage. Si les plantes nées dans des terres arides sont aussi plus velues que celles de même espèce nées dans des terres fécondes, leur existence nous démontre l'usage et l'utilité des poils qui les recouvrent : leurs racines sèches et maigres ne pourroient les nourrir; leurs tiges et leurs feuilles velues arrêtent et pompent les fluides de l'atmosphère. Si les plantes exposées à l'action d'une vive lumière ont ordinairement un épais duvet, c'est que la lumière favorise le dégagement des fluides, et nécessite, par cette raison, le développement des organes de la transpiration. La chaleur, jointe à la lumière, doit produire des effets encore plus marqués : voilà pourquoi les plantes des hautes montagnes et celles de la zone torride sont souvent très-velues; les premières habitent ces régions supérieures, où l'air plus pur, plus raréfié est aussi plus transparent, où par conséquent la lumière est plus vive; les autres, placées dans la partie de la terre située entre les tropiques, éprouvent toute l'ardeur dévorante d'un soleil, dont les rayons tombent d'à plomb, et répandent à la fois des torrens de lumière et de feu.

Dans quelques végétaux les poils prennent insensiblement plus de consistance et deviennent des aiguillons. Ce phénomène a lieu lorsque les fluides, qui transsudent par ces organes excrétoires, y développent le tissu tubulaire, comme on l'observe dans le rosier. Les aiguillons de ce végétal ne sont d'abord que des poils tubulés d'où s'échappent des sucs visqueux; mais, en vieillissant, ils s'alongent, ils s'épaississent, et acquièrent plus de dureté que le bois même.

CHAPITRE XI.

Des épines et des aiguillons.

Les épines et les aiguillons sont des productions aiguës qui naissent sur les tiges, les branches, les feuilles, les calices, etc. de beaucoup de végétaux. Ce n'est pas indifféremment que les physiologistes se servent du mot épines ou du mot aiguillons; ils entendent par le premier les productions qui ont leur racine dans le bois même, et par le second, celles qui n'ont de liaison qu'avec l'écorce. On ne peut enlever les épines sans blesser le végétal; le moindre effort suffit pour détacher les aiguillons, qui semblent n'avoir aucune adhérence avec lui, mais simplement être appliqués sur l'écorce. Les rosiers, les groseillers ont des aiguillons; les pruniers sauvages, quelques nerpruns ont des épines. Duhamel compare celles-ci aux cornes du taureau, au bec et aux ongles des oiseaux, parce qu'elles ont pour noyau une excroissance ligneuse, comme les cornes des taureaux, les becs et les ongles des oiseaux ont pour noyau une excroissance osseuse; et il compare les aiguillons, qui naissent de l'écorce, aux ongles de l'homme et des quadrupèdes, qui paroissent être la continuation de la peau.

Ce que je vais dire des épines convient en partie aux aiguillons. Les épines affectent différentes dispositions sur le végétal; tantôt elles terminent les rameaux, comme dans le prunier sauvage ou le nerprun cathartique; tantôt elles naissent çà et là sur les tiges et les rameaux, comme dans l'*ononis antiquorum*. Dans plusieurs morelles, elles recouvrent la surface des feuilles; dans le houx, elles bordent leurs contours; dans l'artichaut et le chardon, elles hérissent la base des têtes de fleurs; les fruits de la pomme épineuse en sont armés. Dans l'oranger, elles naissent une à une ou deux à deux, à côté des boutons; dans le rosier, elles sont souvent au dessous. Les feuilles de l'épine-vinette et du groseiller épineux sont quelquefois accompagnées de cinq longues épines réunies à leur base; dans les cierges, elles sont disposées en rubans; dans l'acacia d'Asie, elles forment une espèce de collerette à la naissance des branches. Les unes sont faites en scie, les autres en hameçon; celles-ci en aiguilles, celles-là en hallebardes; quelques - unes sont rondes comme des alènes, d'autres triangulaires comme des carrelets, plusieurs aplaties comme des lancettes.

La formation des épines s'opère comme celle des branches. Un filet médullaire s'alonge vers l'écorce; les sucs y affluent, et donnent naissance à un faisceau de tissu tubulaire, lequel sert d'étui au filet médullaire, et se porte à l'extérieur; mais, dans les branches, la moëlle ne disparoît pas sur le champ; tandis que, dans les épines, le canal qui la renferme est bientôt comblé. Duhamel pense que celles-ci ne reçoivent point de fluides; mais c'est évidemment une erreur, puisque dans quelques dicotyledones, elles ont des couches concentriques, de même que les tiges et les branches.

Ces végétaux armés d'épines sont le propre caractère d'une nature agreste et sauvage. L'éducation, qui plie au gré de l'homme l'instinct de quelques animaux féroces, change également l'aspect, et, pour ainsi dire, les mœurs des végétaux. Introduits dans nos vergers, ils déposent ces épines menaçantes, et semblent s'adoucir par leur société plus intime avec l'espèce humaine. Il en est cependant quelques-uns qui, tels que ces animaux farouches que rien n'apprivoise et ne dompte, et qui conservent dans la captivité, où l'homme les retient, toute leur férocité originelle, gardent, malgré la culture, leur âpreté première, et ne perdent jamais les épines dont leurs tiges, leurs rameaux et leurs feuilles sont hérissés. Un plus grand nombre, tels que ces animaux doux par instinct, qui ne sont pas plus redoutables dans les déserts que dans la société de l'homme dont ils cherchent l'appui, ne portent jamais d'épines ou d'aiguillons, soit qu'ils habitent la terre où l'homme veut qu'ils végètent, soit qu'ils croissent, au gré de la Nature, dans des lieux incultes et sauvages.

En considérant que certains végétaux sont toujours armés d'épines, que d'autres en prennent et s'en débarrassent, suivant les circonstances, que d'autres n'en ont jamais, on est porté à croire que ces productions tiennent essentiellement à l'organisation des individus, et ne sont pas, comme le prétendent quelques naturalistes, des branches ou des rameaux avortés. Il est vrai que les épines de quelques plantes, et notamment celles du prunier, s'alongent quelquefois comme des branches, et se couvrent de feuilles, mais elles ne donnent jamais de fleurs; elles partent à angle droit, tandis que les autres font, avec les branches qui les portent, un angle de vingt à vingt-cinq dégrés; elles n'ont point de canal médul-laire, et se terminent par une pointe, et non par un bouton comme les véritables branches. Il est encore vrai qu'en général un bon terrain fait disparoître les épines de quelques plantes; que le prunier perd les siennes par la culture; qu'un changement de climat en fait naître sur des plantes qui n'en avoient jamais eu dans leur pays originaire, et que, par exemple, la molène épineuse et la chicorée épineuse, l'une originaire de l'île de Candie, et l'autre d'Italie, ne se couvrent d'épines que dans les climats septentrionaux; mais tout cela ne prouve rien autre chose, sinon que certaines circonstances sont favorables ou nuisibles à la formation des épines.

Ces circonstances ne sont pas les mêmes pour les espèces différentes. Pallas a observé que la plupart des arbres nés dans les montagnes du Ghilan sont épineux, quoique la terre y soit très-fertile, et l'on a fait perdre au rosier ses aiguillons, en le cultivant dans un sable pur. Le rosier des Alpes, qui n'a point d'aiguillons sur les montagnes, en

prend lorsqu'il descend dans la plaine, et
le prunier sauvage se dépouille de ses épines
dès qu'on le soumet à la culture. Ainsi d'une
part, les arbres du Ghilan et les rosiers des
Alpes doivent leurs armes à la fertilité de
la terre, et d'une autre part, le prunier
doit les siennes à la stérilité du sol. Mais,
néanmoins, il est de fait que la culture
adoucit presque toujours le naturel des
plantes, et qu'en même tems qu'elles prennent, dans les terres fécondes, des fruits plus
suaves et plus abondans, elles quittent ces
aiguillons et ces épines dont elles se hérissent
dans les lieux incultes.

On demandera, sans doute, pourquoi la
Nature a couvert les végétaux de poils,
d'aiguillons et d'épines. Je l'ignore; mais,
sans remonter à la cause, je vais indiquer
les résultats.

On doit considérer deux choses dans un
être, ce qu'il est en lui-même et ce qu'il
est dans le plan général; il en est de même
des parties d'un être. Nous avons vu précédemment que les poils servoient à l'absorption et à la transpiration des fluides;
ils servent encore à défendre les rejetons de
l'action trop vive de la lumière et de l'air;
ils forment souvent un tissu serré qui ga-

rantit ces productions délicates des attaques des petits insectes, ou présentent des piquans qui blessent la langue des animaux que la faim sollicite. Les épines et les aiguillons, dont s'arment quelques végétaux, sont des défenses capables de les garantir contre les attaques des bêtes les plus redoutables (1). Si nous considérons maintenant les végétaux épineux sous un point de vue plus

---

(1) Voici à peu près comme Linnæus s'explique à ce sujet.

« Un tissu laineux préserve les plantes des effets d'une trop grande chaleur ». Il donne pour exemple la sauge d'Ethiopie.

« Un léger coton les défend du hâle des vents ». Il cite la luzerne, dont effectivement les jeunes pousses sont toutes couvertes d'un duvet fin, blanc comme du coton.

« Des soies dures éloignent les petits animaux et rebutent la langue des plus gros ». Plusieurs ketmies.

« Des poils rudes et recourbés, accrochant les animaux au passage, les avertissent de s'éloigner ». La bardane.

« Des dards, à piqûre venimeuse, éloignent les animaux à peau nue ». L'ortie commune. Le *jatroppa urens.*

« Enfin les aiguillons pointus et les épines, qui, tantôt arment les branches, tantôt les feuilles, le calice, et jusqu'à certains fruits, sont une véritable défense envers et contre tous ».

général, nous y verrons des citadelles où se
cachent les foibles créatures que la Nature
n'a point armées contre les griffes et les dents
des animaux de proie. Dans nos climats
tempérés, les plantes couvertes d'épines sont
presque aussi rares que les bêtes féroces, et
les animaux n'ont pas de plus cruel ennemi
que l'homme, dont, à la vérité, les coups
sont inévitables. Mais sous la zone torride,
où pullulent les tigres, les chats sauvages,
les piloris, les singes et autres animaux mal-
faisans, mille espèces d'oiseaux se seroient
éteintes si elles n'eussent trouvé un asyle au
milieu des buissons et des arbres épineux
qui mettent en sûreté elles et leur progé-
niture. On peut même conjecturer qu'à
mesure que l'homme reculera les bornes de
son empire, et que l'art fera de nouvelles
conquêtes sur la Nature brute et sauvage,
beaucoup d'espèces foibles et craintives, ne
trouvant plus de refuge, seront la proie des
animaux qui ne vivent que de chair et de
sang. L'homme, il est vrai, mettra des
bornes à ces désordres ; mais n'est-il pas
lui-même le plus fier, le plus redoutable
tyran des êtres ? Qui nous dira jusqu'à quel
point sa puissance a déjà changé la face de
la terre et les révolutions qu'elle y doit

produire encore ? Les lianes et les plantes épineuses sont un des plus puissans obstacles à ses envahissemens. En Afrique, le voyageur est arrêté à chaque pas par d'immenses haies de lianes et de palmiers hérissés de pointes menaçantes : là se réfugient les animaux doux et timides ; au delà sont des déserts qu'habitent les bêtes féroces. On diroit que cette barrière n'est élevée entre elles et l'homme que pour les empêcher de s'entre-détruire. Les forêts marécageuses de l'Amérique ne sont pas des remparts plus faciles à franchir.

On dit que les mouches à miel des Antilles font leurs ruches dans les creux d'arbres défendus par des épines, et que ces insectes, auxquels la Nature a donné dans nos contrées des dards qu'ils dirigent contre leurs ennemis, dans celles-là, sont désarmés, et n'échappent qu'en se réfugiant dans le sein des arbres fortifiés.

Souvent après la destruction des forêts, les ronces et les épines couvrent la terre, et leurs branches sarmenteuses, étroitement entrelacées, garantissent les bourgeons de la dent des animaux herbivores. Ces rejetons croissent insensiblement, et quand leur bois, plus développé, ne tente plus les animaux,

maux, les branches, en s'étendant, étouffent ces plantes épineuses qui ne viennent
plus alors que sur la lisière des forêts, où
elles protègent encore la végétation. C'est à
l'imitation de la Nature que l'homme entoure d'épines les jeunes plants, dont il veut
protéger la croissance.

CHAPITRE XII.

De la sève considérée dans la plante en végétation.

INTRODUCTION.

Tous les phénomènes de la végétation nous prouvent que les plantes, en état de santé, agissent sur les élémens dont elles sont environnées, non seulement par une force mécanique ou par les lois des affinités chimiques, mais encore par cette force que nous appelons la *vie*. Le chêne, renfermé sous l'enveloppe du gland, n'a pas une ligne de long sur une demi-ligne de diamètre : il germe, sa radicule et sa plumule s'alongent, son poids et son volume croissent de jour en jour ; après cent ans de végétation, sa tige a soixante à quatre-vingts pieds de haut ; chaque année il s'est couvert et s'est dépouillé de feuilles, de fleurs et de fruits ; mais cet accroissement énorme effectué dans l'espace d'un siècle, et ces productions annuelles détruites et renouvelées sans cesse,

Fig. 1.
Fig. 3.
n
i
d
r
z
x
De seve del.
Le tellier

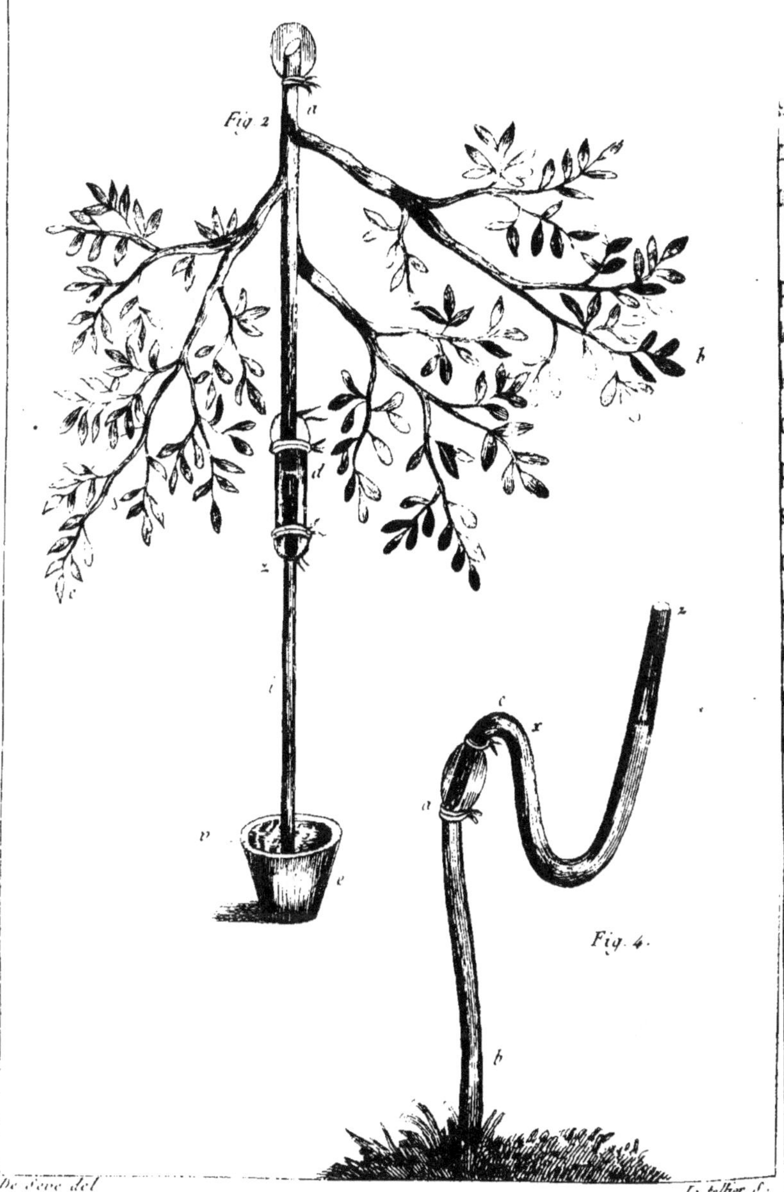

De Seve del.

Le tellier S.

sont autant de preuves qu'il a fait passer la matière brute et inerte à l'état de matière organisée et vivante.

Les végétaux n'ont pas de mouvement progressif ; ils vivent et meurent fixés à la terre ; leurs racines en sont recouvertes, leurs tiges sont exposées au contact de l'air : c'est donc dans l'air et dans la terre qu'ils puisent leur nourriture. Leurs extrémités sont d'autant mieux disposées pour remplir cette fonction, qu'elles présentent une sur-face considérable. Dans la terre, elles se divisent en une multitude de filets déliés, et dans l'air, elles s'épanouissent en lames extrêmement minces.

On a cru, jusqu'à ce que l'expérience ait démontré le contraire, que les plantes se nourrissoient principalement de terre. Boyle prouva le premier la fausseté de cette opi-nion : il mit une branche de saule dans un vase plein de terre ; au bout de cinq ans, cette branche avoit acquis cent soixante - cinq livres de poids, et la terre n'avoit pas perdu deux onces du sien. Ainsi, c'est l'air et l'eau ou les substances contenues dans ces deux fluides, qui fournissent un aliment aux plantes.

ARTICLE PREMIER.

De la succion et de la transpiration des plantes.

Ces êtres organisés exercent, par leurs feuilles et leurs racines, une force de succion prodigieuse : il suffit, pour s'en convaincre, de jeter les yeux sur les belles expériences de Hales et de Bonnet. Je vais citer les plus importantes.

Dans le mois d'août d'une année fort sèche, Hales fit fouiller le pied d'un poirier et fit découvrir une de ses racines, *fig.* 1, n, qui avoit un demi-pouce de diamètre. Il en coupa le bout en i, et il en fit entrer l'extrémité dans un tuyau $d\,r$ qui avoit un pouce de diamètre et huit pouces de longueur; il fit, à son extrémité supérieure r, un nœud de ciment en d, et ajusta aussi, avec du ciment, à son extrémité inférieure r, un autre tuyau z; il le remplit d'eau, puis, y appliquant le doigt pour l'empêcher de se répandre, il remit l'extrémité de ce tuyau dans sa première situation, faisant tremper le bout d'en bas dans du mercure contenu dans le vase x. La racine, en cet état, tira l'eau avec tant de force, qu'en six minutes le mercure s'éleva de huit pouces dans le tuyau z. A mesure que cette racine pompoit l'eau, il sortoit, du bout coupé, une infinité de bulles d'air qui montoient en d et qui remplissoient le haut du tuyau supérieur i, ce qui fit que le lendemain matin le mercure se trouva baissé de deux pouces, quoique le bout de la racine trempât encore dans l'eau. Il est bon de remarquer que l'air, qui s'amassoit en r, devoit empêcher le mercure de s'élever; car si la masse de cet air avoit été aussi grande que celle de l'eau aspirée, le mercure n'auroit pu monter dans le tuyau z.

On a vu que les branches, mises en terre dans une situation renversée, produisent des racines : il étoit donc à propos de découvrir si la force de succion subsiste dans les branches dont on mettroit le petit bout en bas. Pour s'en assurer, Hales mit une branche $a\ b\ c$, *fig.* 2, tremper par son petit bout d dans un vase e qui contenoit une quantité d'eau connue. Cette branche, qui étoit assez grande, tira en quatre jours plus de quatre livres d'eau. Mais, pour connoître encore mieux cette force de succion, il ajusta à une pareille branche moins grosse, une jauge droite $v\ i\ z$, au bout d'une

branche qui en portoit d'autres garnies de
feuilles. Cette branche éleva le mercure à
onze pouces et demi, et en trois heures
l'eau fut totalement aspirée. Comme il sortoit beaucoup d'air des vaisseaux ligneux,
le mercure ne tarda pas à descendre. Hales
ayant remis de l'eau dans le tuyau, la
branche continua à la pomper, de sorte
qu'en trois heures le mercure s'éleva encore
de douze pouces : alors le soleil étant près
de se coucher, la transpiration cessa, et le
mercure commença à descendre.

D'autres expériences prouvent que la succion se fait particulièrement par la surface
des feuilles et par l'extrémité du chevelu
des racines. Ces organes peuvent être comparées aux veines lactées des animaux.

On a vu, par ce qui précède, qu'il existe
entre toutes les parties d'un végétal une communication intime. Les fluides aspirés par le
chevelu pénètrent dans les grosses racines,
les tiges, les branches, les derniers rameaux
et les feuilles. Les fluides, aspirés par les
feuilles, redescendent par les rameaux, les
branches et les tiges jusques dans les racines.
Il résulte encore de l'organisation du végétal
qu'une seule partie peut en nourrir plusieurs; qu'il suffit quelquefois d'une branche

et d'une racine, dans une situation favorable , pour entretenir le courant de sève nédessaire à la végétation ; qu'une feuille fait passer dans les feuilles voisines les sucs qu'elle aspire ; que des entailles profondes , faites au tronc d'un arbre à différentes hauteurs et dans des directions différentes, n'empêchent pas la sève de s'élever des racines jusqu'aux branches ; enfin , que toutes les fois que la communication entre les différentes parties du tissu tubulaire n'est pas totalement interrompue , et que le végétal jouit de sa force vitale, la sève doit se porter dans toutes ses ramifications et les nourrir toutes. C'est pour cette raison que les saules et les châtaigniers , dont le tronc est presque entièrement détruit par le tems, se couvrent de verdure et produisent chaque année de nouvelles branches , comme ceux qui jouissent de la vigueur de la jeunesse.

Les organes absorbans des végétaux sont répandus sur toute la superficie de l'épiderme ; ce sont, comme l'on sait, les poils et les pores, qui sont autant de bouches et de suçoirs, par le moyen desquels le végétal puise sa nourriture ; et si les feuilles et le chevelu des racines absorbent beaucoup plus d'humidité que les autres parties , c'est parce

que les pores et les poils y sont plus nombreux. Les dernières ramifications du chevelu peuvent être considérées comme des
poils.

La force d'absorption que le végétal tout
entier exerce sur les fluides environnans,
chaque partie du végétal l'exerce sur les
autres ; ainsi, suivant les circonstances, la
tige aspirera les fluides contenus dans la racine ou dans les branches ; celles - ci, les
fluides des tiges ou des rameaux ; et ces derniers, les fluides des feuilles ou des branches.
Les feuilles détachées de la plante, dans le
tems où elles jouissent encore de la pléni-
tude de la santé, pompent de l'eau par leur
pétiole, si on le fait tremper dans un vase.
Un bouton, enlevé à un arbre et placé sur
la terre ou sur l'eau, se nourrit et se développe comme une graine. Enfin, les phénomènes de la végétation et les expériences
des physiciens prouvent, jusqu'à l'évidence,
que toutes les parties du végétal sont en
état de succion les unes par rapport aux
autres.

Si la transpiration ne débarrassoit continuellement les végétaux des fluides sura-
bondans, ils ne tarderoient pas à périr de
pléthore ; mais ces pores et ces poils, qui

aspirent l'humidité de la terre et de l'air et
la font couler dans les cellules ou les tubes,
servent aussi d'organes excrétoires et donnent passage à la transpiration. Les poils de
la martinia annuelle, lorsque cette plante
est exposée à la lumière du soleil, laissent
échapper par leur extrémité des gouttelettes
de liqueur visqueuse. Le même phénomène
a lieu dans une multitude d'autres plantes.
C'est durant les jours les plus chauds que les
verrues de la glaciale se gonflent et se remplissent d'un fluide limpide. Ce végétal, originaire des climats brûlans, semble alors être
tout couvert de glace ; à la vérité, sa qualité
de plante grasse nous annonce qu'il transpire
peu ; mais il n'en est pas moins vrai que la
sève se porte sous l'épiderme, le soulève,
et que, dans une multitude d'autres espèces,
si la même chose n'a pas lieu, c'est que les
émanations sont entraînées à l'extérieur, et
passent si rapidement, qu'elles ne peuvent
gonfler l'épiderme.

Il faut considérer que les plantes ont,
comme les animaux, une transpiration sensible et une transpiration insensible. La première n'existe pas dans toutes les espèces ;
elle est ordinairement peu considérable, et
consiste en une extravasation de sucs gom-

meux ou résineux : la seconde est très-considérable ; elle consiste en émanations aqueuses et gazeuses, dont on ne peut apprécier la nature et la quantité qu'en les condensant et les recueillant par des moyens artificiels. Quelquefois cependant elles se condensent naturellement sur les feuilles, comme on l'observe dans le pois chiche, le bananier, le pavot.

Avant les expériences de Musschenbroeck, on croyoit que les gouttelettes répandues sur les feuilles n'étoient autre chose que l'humidité de la terre, attirée par la chaleur du jour et précipitée par la fraîcheur de la nuit ; mais ce physicien démontra la fausseté de cette opinion. Il prit une plaque de plomb ronde, la divisa en deux parties égales, et fit une échancrure demi-circulaire à chaque section, de telle manière qu'en rapprochant les deux morceaux, la plaque présentoit une surface ronde, percée au milieu ; il appliqua cette plaque sur la terre, fit passer par le centre une tige de pavot, et recouvrit la fente d'un vernis, afin de ne donner aucune issue aux émanations qui pourroient s'élever de la terre ; il recouvrit cet appareil d'une cloche de verre qu'il luta sur la plaque. Le lendemain les gouttelettes se montrèrent comme à l'ordinaire. La même expérience fut répétée plusieurs fois depuis par d'autres physiciens, avec le même succès.

Hales fit plus que Musschenbroeck ; il mesura d'une manière rigoureuse la transpiration des plantes. Voici une de ses expériences les plus intéressantes. Le 3 juillet 1724, il prit un pot de terre vernissée, dans lequel étoit un soleil haut de trois pieds et demi, *fig.* 3 ; il couvrit le pot d'une plaque de plomb laminé, et ferma exactement toutes les jointures, mais l'air communiquoit librement de dehors en dedans sous la plaque par le moyen d'un tube de verre extrêmement étroit et long de neuf pouces. Il adapta aussi et cimenta sur la plaque un autre tube dé verre long de deux pouces et d'un pouce de diamètre ; par ce tube il arrosoit la plante et fermoit ensuite l'ouverture avec un bouchon de liège. Ayant mis cet appareil dans une balance, il trouva que la transpiration étoit de trente onces pendant douze heures d'un jour sec et fort chaud, et que le terme moyen étoit de vingt onces pendant chaque douzaine d'heures.

La transpiration, pendant une nuit sèche et sans rosée sensible, fut d'environ trois onces. S'il y avoit un peu de rosée, il ne se faisoit plus de transpiration; et si la rosée étoit abondante, ou qu'il tombât un peu de pluie, la plante augmentoit en poids depuis deux jusqu'à trois onces.

Ayant ensuite détaché toutes les feuilles de la plante, il en forma cinq tas suivant leur différente grandeur. Il mesura la surface d'une feuille de chaque tas, en appliquant dessus un réseau de fils qui se croisoient à angles droits et formoient de petits carrés d'un quart de pouce, et, en additionnant tous les produits, il trouva que la surface de la plante hors de terre étoit d'environ 5616 pouces ou 39 pieds carrés.

Il compara ensuite le résultat de ces expériences avec celles de Santorius sur la transpiration humaine, et il trouva que la transpiration d'un homme étoit à celle d'un soleil, à surfaces égales, dans le rapport de $3\frac{1}{2}$ à 1, et qu'à masses égales ce rapport étoit de 19 à 1, c'est-à-dire, que dans ce dernier cas le soleil transpire dix-sept fois plus qu'un homme dans le même tems.

Nécessairement la force d'aspiration doit être proportionnée à la déperdition considérable qui s'opère presque sans interruption. Nous avons vu précédemment une racine de poirier aspirer l'eau avec une telle force, qu'elle faisoit monter le mercure en six minutes à une hauteur de huit pouces; une autre expérience de Hales va nous mettre à portée d'apprécier plus facilement encore cette puissance prodigieuse.

Le 6 avril, à six heures du matin, il coupa un cep de vigne, *fig.* 4, *a b*, à trente-trois pouces de terre. Le chicot étoit sans rameau, et avoit sept à huit pouces de diamètre. A cette section transversale il ajusta et luta, avec beaucoup de soin, un tuyau recourbé *c z*, qu'il remplit de mercure jusqu'à ce qu'il se fût élevé jusqu'au point *x*, tout près de la courbure, sans qu'il en tombât en *a*. Les pleurs de la vigne, sortant successivement dans ce jour et les suivans, eurent assez de force pour soulever le mercure, et l'élever petit à petit jusqu'à une hauteur très-considérable, telle que le 18 avril, à sept heures du matin, la sève étoit en équilibre avec une colonne de mercure de trente-deux pouces et demi qu'elle soutenoit au dessus de premier niveau; c'est comme si elle eût élevé une colonne d'eau de trente-six pieds cinq pouces et demi de haut. Or, on sait que le poids d'une colonne d'air de toute la hauteur de

l'atmosphère n'est égal qu'à celui d'une colonne de mercure d'un pareil diamètre et
d'environ vingt-huit pouces de haut, ou
d'une colonne d'eau d'environ trente-trois
pieds. Dans cette expérience la force de la
sève surpassoit donc la pression totale de
l'atmosphère.

Dans une expérience analogue, Hales vit
monter le mercure à trente-huit pouces, ce
qui revient à une colonne d'eau de quarante-
trois pieds trois pouces et demi ; et il observa que cette force est environ cinq fois
plus grande que celle qui pousse le sang
dans la grande artère crurale du cheval ;
sept fois plus grande que la force du sang
dans la même artère du chien, et huit fois
plus grande que la force du sang dans la
même artère du daim.

La transpiration et l'absorption des fluides
se font par les mêmes organes ; mais on
conçoit que ces deux fonctions ne peuvent
être simultanées dans la même partie du
végétal, puisque l'exercice de l'une est contraire à celui de l'autre. Le soleil attire la
sève vers les feuilles et les jeunes branches;
la chaleur réduit en vapeur une partie de
ce fluide ; la lumière décompose l'eau et
force l'oxigène à s'exhaler dans l'atmosphère;

et, dans le même tems, la racine pompe l'humidité du sol, et fournit continuellement aux feuilles et aux branches une sève nouvelle qui repare les pertes de la transpiration ; mais après le coucher du soleil tout change ; la fraîcheur de la nuit succède aux feux du jour ; les vapeurs aqueuses suspendues en l'air se condensent et tombent en rosée sur les plantes ; les feuilles et les jeunes rameaux les aspirent ; elles descendent par les branches et les tiges jusqu'aux racines, et c'est sans doute alors que ces organes laissent échapper les sucs qui donnent à la terre qui les environne cette qualité onctueuse, dont nous avons parlé dans notre chapitre sur les racines.

ARTICLE II.

Des mouvemens de la sève.

La sève aspirée par les racines s'élève par le tissu tubulaire. Les injections colorées prouvent que ce fluide se porte sur-tout dans les grands tubes, et le fait que rapporte Coulomb, dans les Mémoires de l'institut, en devient la confirmation. Ce physicien célèbre, faisant abattre des peupliers d'Italie vers la fin de germinal de l'an 4, s'aperçut que, lorsque les arbres étoient coupés presque jusqu'au centre, il sortoit de la blessure beaucoup d'air et une eau limpide et sans saveur ; l'air, en se dégageant, rendoit le même bruit que lorsqu'il sort en abondance et par petits globules de la surface d'un fluide. Coulomb tenta quelques expériences qui eurent un résultat semblable; entr'autres il fit percer, avec une grosse tarière, quatre ou cinq peupliers, et il observa que, lorsque la tarière étoit parvenue à peu de distance du centre, l'eau sortoit en abondance et que l'on entendoit un bruit continuel de bulles d'air qui montoient avec la sève et crevoient dans le trou. Ce bruit a continué d'avoir lieu dans les arbres, ainsi percés, pendant tout l'été ; cependant il a toujours été en diminuant; il étoit, comme on peut le prévoir, d'autant plus grand, que l'ardeur du soleil augmentoit la transpiration des feuilles; il étoit presque nul pendant la nuit, ainsi que dans les jours humides et froids. D'après ces expériences, Coulomb conclut, avec raison, que la sève monte dans les arbres par les tubes qui avoisinent le canal médullaire. En effet, nous avons vu, par l'anatomie de la tige des dicotyledons, que la moëlle est entourée d'un

cylindre

cylindre de grands tubes, et les injections colorées laissent dans ces canaux les traces de leur passage, comme je m'en suis convaincu en injectant le sureau.

La marche de la sève du sommet du végétal vers les racines n'est pas moins prouvée que son ascension. Si l'on fixe un tube de verre au sommet d'une branche et que l'on y verse du mercure, la sève soulèvera le métal pendant le jour, et le laissera retomber pendant la nuit. Si l'on fait une ligature au tronc ou aux branches, il se formera un bourrelet ligneux au dessus. Si l'on greffe deux arbres l'un sur l'autre par approche, et que l'on coupe l'un d'eux à sa base, le crochet qu'il formera continuera de végéter et de produire de nouveaux bourgeons au dessous de l'endroit de la soudure. Ces expériences, rapportées par Hales et Duhamel, deux hommes si savans dans l'art d'observer la Nature, ne laissent aucun doute sur l'existence de la sève descendante.

Lorsque la chaleur du jour agit sur la plante, la sève se porte avec abondance vers les sommités et s'exhale en grande partie par les feuilles et les branches vertes; mais pendant la nuit, ce qui reste de la sève descend vers les racines avec les fluides qu'aspirent les feuilles humectées par l'humidité de l'air. Il paroît que ces fluides s'écoulent alors par les petits tubes, et sur-tout par ceux qui sont plus voisins de la circonférence, mais non par l'écorce, comme le disent quelques physiciens; car il ne faut pas confondre la sève descendante avec les sucs propres, qu'on trouve souvent dans les grands tubes de l'écorce. S'il ne se forme pas de bourrelet au dessous des ligatures, c'est qu'elles ne sont jamais assez fortes pour comprimer les tubes du centre et retarder ainsi la marche de la sève montante; mais quelque foibles que soient ces ligatures, elles occasionnent toujours un étranglement plus ou moins considérable dans les tubes voisins de la circonférence, et forcent la sève descendante à s'arrêter; ce qui fait que le cambium se dépose autour des tubes, en produit de nouveaux, et forme les bourrelets.

Outre ce balancement, la sève a encore, dans les dicotyledons, un mouvement qui s'opère du centre à la circonférence. Les tubes horisontaux aspirent dans le jour une partie des fluides contenus dans les grands tubes du centre, et les versent à la superficie de l'aubier. Là, comme on le sait, se dépose le cambium qui multiplie le nombre des couches ligneuses.

Les monocotyledones ont probablement, comme les dicotyledones, une sève montante et descendante ; mais, dans ces dernières, les organes actifs de la végétation étant tous étroitement unis, il y a un grand concert de force et de puissance, tandis que, dans les monocotyledones, chaque filet ligneux étant pourvu de grands tubes et de petits tubes, chaque portion de tissu tubulaire doit agir indépendamment des autres, et dans chacun, sans doute, il y a un mouvement alternatif de la base au sommet et du sommet à la base ; mais jamais dans cette grande classe il n'y a de mouvemens réglés du centre à la circonférence, parce qu'il n'y a point de rayons médullaires.

C'est dans les parties vertes et tendres, exposées à la lumière, que se composent d'ordinaire les sucs propres du végétal. Il paroît certain que l'eau et l'acide carbonique, pénétrant dans le tissu cellulaire des feuilles, des calices, des bractées, des jeunes écorces, etc., perdent leur oxigène, et que l'hydrogène, se combinant avec le carbone, produit les gommes et les résines. Quoi qu'il

en soit, ces sucs élaborés passent des nervures principales des feuilles dans les grands
tubes de l'écorce, et parviennent jusqu'aux
racines.

Quand le végétal forme des sucs propres
en grande quantité, ces sucs pénètrent dans
le bois et même dans la moëlle ; mais il ne
paroît pas qu'ils soient soumis aux mouvemens alternatifs de la sève. Je crois que, lorsque l'eau et l'acide carbonique s'introduisent
dans les feuilles et dans les racines, ils se com-
binent avec les sucs particuliers de la plante,
et que, chargés de ces nouveaux principes,
ils s'élèvent ou descendent dans le végétal et
deviennent une sève propre à nourrir tout
le tissu organique ; cela me semble d'autant
plus probable, que l'analyse chimique de la
sève démontre qu'elle contient des gommes,
du sucre, de l'extractif, du tanin, etc., substances dont la nature suppose une élaboration que la sève n'a pu recevoir à l'instant
même où elle a pénétré dans le tissu membraneux du végétal. D'ailleurs à quoi serviroient les sucs propres, si ce n'étoit à
nourrir la plante, et comment la nourri-
roient-ils, si la sève ne les delayoit et ne
les transportoit dans tout le systéme organique ?

ARTICLE III.

Des causes qui déterminent le mouvement de la sève.

Les mouvemens de la sève dépendent de plusieurs causes : la principale est la force vitale de la plante. Quand elle est arrivée au terme de sa vie, la sève se dissipe et s'évapore ; les feuilles et les racines n'aspirent plus de fluides ; le tissu membraneux se dessèche ou se décompose ; l'air, la lumière, l'humidité, qui naguère entretenoient la vigueur dans tout le système organique, attirent et divisent les élémens ; chaque partie se dégrade et se détruit. Cependant, lorsque la vie s'arrête, les organes n'ont pas encore changé visiblement de forme et de nature ; les tubes et les cellules ont la même capacité ; l'œil armé des plus forts microscopes n'y remarque aucune différence sensible. Que s'est-il donc passé dans l'organisation, et comment se fait-il que la plante n'a plus d'action sur les êtres environnans ? Sans doute elle a subi des altérations considérables, mais il ne nous appartient pas d'en déterminer la nature. Cette puissance que les êtres organisés et vivans exercent au dehors, qui les met en état de résister aux affinités chimiques et de combiner les élémens de telle manière que ceux-ci augmentent les forces vitales au lieu de les anéantir, est la cause première du mouvement de la sève, puisque sans elle l'humidité de la terre et de l'air ne pourroit être absorbée par les poils et les pores des végétaux. Un arbre et une herbe morts peuvent à la vérité se pénétrer d'humidité, mais loin qu'elle les nourrisse et les développe, elle altère, elle décompose, elle détruit l'organisation ; elle s'insinue dans les cellules et les tubes par une simple imbibition, et non par la puissance des organes absorbans. La chaleur fait évaporer les fluides contenus dans une plante morte, comme elle dessèche une éponge, mais le phénomène de la transpiration, qui ne se manifeste que dans les êtres vivans, est soumis à d'autres lois. Ainsi l'absorption et la transpiration sont deux actes qui ne peuvent appartenir au végétal que dans l'état de vie.

Le chevelu des racines conduit dans les grands tubes la sève qu'il aspire ; elle passe des plus petites ramifications dans le tronc principal; elle pénètre le collet, la tige, les rameaux et les feuilles. La rapidité de sa marche est due particulièrement à la chaleur qui raréfie l'air contenu dans le végétal, attire l'humidité vers le sommet des rameaux, force le tissu cellulaire des feuilles et des jeunes pousses à s'en pénétrer, et la fait sortir par les pores dont l'épiderme est criblé. Peut-être encore dans cette ascension dont la force est prodigieuse, doit-on attribuer quelque chose à l'attraction qu'exercent les parois des tubes sur les fluides qu'ils contiennent; mais cette puissance est très-bornée, puisqu'elle croît à proportion que le diamètre est plus petit, et que, dans un tube qui auroit $\frac{1}{200}$ partie d'une ligne, elle ne feroit monter la sève qu'à sept pouces environ. La force de succion, cette puissance qui dépend de la vie des organes, doit être foible, ou même nulle dans les grands tubes, qui sont les parties les plus anciennement formées; mais nous ne pouvons calculer jusqu'à quel point les petits tubes l'exercent sur les grands. Quant au mouvement des trachées, à la contraction et à la dilatation de leurs spires, qui, selon l'opinion de

De Saussure, pressent la sève, et la forcent de s'élever ou de descendre, c'est un système purement imaginaire, dont on ne trouve aucune preuve solide dans les ouvrages des physiologistes. A la vérité, Malpighi dit, quelque part, qu'il aperçut une fois une sorte de mouvement vermiculaire dans ces lames spirales ; mais ni lui , ni d'autres ne l'ont vu depuis, et tout porte à croire qu'il s'est trompé. Nous ne pouvons pas admettre davantage l'opinion de Grew, qui suppose un mouvement de contraction et de dilatation dans le tissu cellulaire : par conséquent il n'y a que la chaleur dont l'action soit certaine, et l'on ne doutera pas qu'elle soit la principale cause de l'ascension de la sève , si l'on fait attention que ce fluide s'élève avec d'autant plus de force, que les rayons du soleil sont plus ardens.

Il n'est pas aussi facile de dire quelles causes déterminent la sève à se précipiter vers les racines pendant la nuit. Seroit-ce la chaleur de la terre? mais elle est beaucoup trop foible à la base du végétal pour occasionner un tel mouvement. Seroit-ce la privation de l'air ? mais on ne conçoit pas que les racines, qui peuvent absorber de l'eau, ne pompent pas également un fluide plus subtil et plus pénétrant. Il faut donc trouver la cause de ce phénomène dans l'attraction qu'exercent les tubes capillaires, et dans la force vitale de la plante. La sève descend vers les racines par les petits tubes de la circonférence, qui doivent agir beaucoup plus puissamment que les grands tubes, sous le double rapport de l'attraction et de la force vitale; car d'une part, leur diamètre est infiniment plus petit, et par conséquent l'attraction de leur paroi plus considérable; et de l'autre, ils ne sont pas parvenus au terme de leur développement, et par conséquent leur force vitale est en pleine activité : ils aspirent donc la sève contenue dans les parties supérieures de l'arbre, comme les poils et les pores absorbent les vapeurs humides de l'air ou de la terre ; mais le retour des fluides vers les racines est moins rapide que leur ascension, parce que les causes qui le déterminent sont moins puissantes.

Les mouvemens de la sève sont d'autant plus marqués, que les variations de l'atmosphère sont plus sensibles. Un tems humide ou sec, froid ou chaud, un ciel pur ou

chargé de nuages, ont une influence considérable sur la végétation ; c'est lorsque le
soleil frappe les arbres de ses rayons, qu'ils
donnent une sève plus abondante ; c'est alors
que l'écorce se détache plus facilement du
corps ligneux, et l'on a même remarqué
souvent qu'elle ne se sépare du bois que du
côté qui reçoit la lumière. La chaleur, jointe
à l'humidité, paroît être la circonstance la
plus favorable à la végétation. Duhamel a
observé qu'elle est plus vigoureuse lorsqu'un
tems couvert, accompagné d'un air chaud
et disposé à l'orage, succède à la pluie. Il
vit en trois jours, dans une telle circonstance, un épi de seigle s'alonger de trois
pouces, un chaume de seigle croître de six,
une jeune pousse de vigne prendre trois pieds
de longueur.

Mais, sans nous arrêter à ces faits particuliers, nous avons, dans le changement des
saisons, une preuve constante de l'influence
de l'atmosphère sur les végétaux. « La sève,
dit Bucquet, ne paroît pas se mouvoir d'une
façon bien sensible pendant l'hyver et pendant les grandes chaleurs de l'été ; son mouvement, au contraire, est très - marqué au
printems et à l'automne, parce que les va-

riations de l'air sont infiniment plus sensibles dans ces deux saisons. Les jours ont une durée pendant laquelle le soleil frappe la terre de ses rayons, et produit une chaleur capable de raréfier l'air, qui se condense ensuite par le froid des nuits, dont la durée est presque égale à celle des jours. On peut encore ajouter que l'humidité que le soleil élève du globe pendant le jour, se condensant, par le froid de la nuit, en brouillard et en rosée fort épaisse, les feuilles en absorbent une très-grande quantité. Pendant l'été les jours sont excessivement longs et fort chauds, les nuits sont très-courtes et ne sont pas sensiblement plus froides que les jours, en sorte que l'air est dans un état continuel de dilatation qui ne change jamais; l'humidité que la chaleur élève de la terre n'ayant pas le tems de se condenser, les rosées d'été ne sont presque pas sensibles et les feuilles n'absorbent presque rien; elles perdent d'ailleurs beaucoup plus par la chaleur du soleil qu'elles ne gagnent par le froid des nuits. L'hyver, au contraire, les nuits sont fort longues et très-froides; le soleil ne se lève que fort tard, et ses rayons ne frappent la terre que très-obliquement et pendant un tems très-court, souvent même ils sont obscurcis par des nuages épais, en sorte que les jours étant presqu'aussi froids que les nuits, l'air est dans un état de condensation qui ne varie point, et conséquemment dans une inertie qui ne permet pas à la sève de se mouvoir. Le défaut de mouvement dans la sève n'est cependant pas absolu pendant l'hyver, non plus que pendant l'été; il est seulement moins sensible que dans le printems et dans l'automne. On voit des fleurs s'épanouir et des fruits parvenir à une parfaite maturité pendant les plus grandes chaleurs; beaucoup de fleurs s'ouvrent pendant des froids assez rigoureux, les racines végètent dans la terre, et les boutons croissent sur toutes les plantes d'une manière assez marquée, parce que les variations de l'air, quoique moins grandes, ne laissent pas d'avoir lieu pendant ces deux saisons ».

Les mouvemens de la sève commencent à l'époque de la germination; ils s'arrêtent lorsque la plante cesse de végéter. La sève porte dans toutes les parties la vigueur et la vie; elle crée, elle développe les organes; elle est dans la plante ce qu'est le sang et

le chyle dans les animaux. Nous l'avons vue
produire successivement les racines et la
tige, les boutons, les branches et les feuilles.
Voyons maintenant le résultat de ses efforts
dans les fleurs et les fruits. Après avoir examiné les formes et les organes nécessaires
à la vie des individus, il convient de porter
nos regards sur les organes nécessaires à la
reproduction de l'espèce.

SUPPLÉMENT

AU LIVRE TROISIÈME.

Habitation des Plantes d'après Linnœus.

LES MERS.

Les plantes qui y croissent sont continuellement agitées par le flux et le reflux ;
elles n'ont point de racines, et elles pompent
leur nourriture par leur superficie. Telles
sont :

Beaucoup de conferves.

Chara tomentosa.	Fucus spiralis.
—— hispida.	—— inflatus.
—— flexilis.	—— nodosus.
Najas marina.	—— siliquosus.
Ulva intestinalis.	—— saccharinus.
—— compressa.	—— palmatus.
—— latissima.	—— fastigiatus.
—— lactuca.	—— filum.
—— linza.	Zostera marina.
Fucus serratus.	Potamogeton marinum.
—— vesiculosus.	Ruppia marina
—— ceranoides.	

Les rivages de la mer.

Les rivages de la mer, qui sont exposés aux vents et aux vagues, et couverts d'un sable salin, donnent naissance aux espèces suivantes :

Hippophaë rhamnoides.
Atriplex portulacoides.
Scirpus maritimus.
Aster tripolinus.   .
Glaux maritima.
Eryngium maritimum.
Arenaria peploides.
Statice limonium.
Artemisia maritima.
Plantago maritima.
—— coronopus.
Triglochin maritimum.
Crambe maritima.
Lotus maritima.

Pisum maritimum.
Ligusticum scothicum.
Veronica maritima.
Salicornia europæa.
Salsola kali.
Chenopodium maritimum.
Atriplex littoralis.
—— laciniata.
—— hastata.
Bunias cakile.
Arenaria rubra maritima.
Samolus valerandi.
Isatis tinctoria.
Cochlearia d anica.

Les lacs.

Les lacs qui contiennent une eau douce et pure, et qui ne gèlent jamais jusqu'au fond, produisent des plantes lisses et lâches dont les feuilles surnagent. De ce nombre sont :

Isoëtes lacustris.
Spargonium natans.

Nymphæa lutea.
—— alba.

Trapa natans.
Protamogeton natans.
—— perfoliatum.
—— lucens.
Myriophyllum spicatum.
—— verticillatum.
Ceratophyllum demersum.
Scirpus acicularis.
—— lacustris.
Typha latifolia.

Typha angustifolia.
Arundo phragmites.
Equisetum fluviatile.
Lobelia dortmanna.
Subularia aquatica.
Elatine hydropiper.
Limosella aquatica.
Plantago monanthos.
Ranunculus reptans.

Les marais.

Les marais, qui ont une eau stagnante sujette à geler, et dont le fond est limoneux, produisent :

Protamogeton crispum.
—— compressum.
—— pectinatum.
—— gramineum.
—— pusillum.
Zannichellia palustris.
Callitriche verna.
—— autumnalis.
Lemna trisulca.
—— minor.
—— gibba.
—— polyrrhiza.
Utricularia vulgaris.
—— minor.
Stratiotes aloides.

Hydrocharis morsus.
Ranunculus aquatilis.
Sagittaria sagittifolia.
Butomus umbellatus.
Alisma plantago aquatilis.
—— natans.
—— ranunculoides.
Hottonia palustris.
Hippuris vulgaris.
Elatine alsinastrum.
Phellandrium aquaticum.
Ænanthe fistulosa.
—— crocata.
Cicuta virosa.
Sium latifolium.

Sium

Sium nodiflorum.
Sison inundatum.
Iris pseudo-acorus.
Polygonum amphibium.
Fontinalis antipyretica.
Acorus calamus.
Calla palustris.
Menyanthes trifoliata.
Ranunculus lingua.
Aira aquatica.
Poa aquatica.
Festuca fluitans.
Montia fontana.
Veronica beccabunga.
Nasturtium aquaticum.
Pilularia globulifera.
Rumex aquaticus.
Phalaris arundinacea.
Scirpus palustris.
Othonna palustris.

Osmunda regalis.
Lythrum salicaria.
Lycopus europæus.
Senecio paludosus.
Arundo calamagrostis.
Lysimachia thyrsiflora.
——— vulgaris.
Eupatorium cannabinum.
Scutellaria galericulata.
——— hastata.
Mentha aquatica.
Hydrocotyle vulgaris.
Coreopsis bidens.
Hieracium paludosum.
Apium graveolens.
Tenerium scordium.
Carex pseudo-cyperus.
Sparganium erectum.
Acrostichum thelypteris.
Sisymbrium amphibium.

Lieux inondés.

Les lieux qui, couverts d'eau pendant
l'hyver, et dans les tems orageux, sont
desséchés et répandent des exhalaisons pu-
trides en été, contiennent :

Betula alnus.
Salix pentandra.
——— fragilis.
——— aurita.

Salix incubacea.
——— repens.
Juncus articulatus.
——— bulbosus.

Triglochin palustre.
Sanguisorba officinalis.
Cornus suecica.
Spergula nodosa.
Solanum dulcamara.
Epilobium palustre.
Veronica serpyllifolia.
—— scutellata.
Agrostis stolonifera.
Alopecurus geniculatus.
Festuca decumbens.
Carex cæspitosa.
—— acuta.
—— vesicaria.
—— vulpina.
—— uliginosa.
—— dioïca.
Caltha palustris.
Cardamine amara.
Ranunculus auricomus.
Epilobium hirsutum.
Gentiana pneumonanthe.
Lychnis flos cuculi.
Holcus odoratus.
Cardamine pratensis.
Equisetum palustre.

Cochlearia armoracia.
Erysimum barbarea.
Cerastium aquaticum.
Trifolium fragiferum.
Lythrum salicaria.
Centunculus minimus.
Lycopus europæus.
Lycopodium selaginoïdes.
—— inundatum.
Thalictrum flavum.
Lathyrus palustris.
Chrysosplenium alterni-
  folium.
Aconitum napellus.
Gnaphalium uliginosum.
Juncus bufonius.
Peplis portula.
Bidens tripartita.
Gentiana centaurium.
Poa annua.
Tillæa aquatica.
Inula pulicaria.
Sagina procumbens.
Linum radiola.
Veronica anagallis.
Ranunculus sceleratus.

Les marécages.

Les terrains marécageux dont les cultivateurs ne peuvent tirer parti, à cause de
leurs eaux dormantes et corrompues, sur-
tout pendant l'été, sont souvent recouverts
par :

Viburnum opulus.
Potentilla fruticosa.
Myrica gale.
Vaccinium uliginosum.
Aira cærulea.
Cynosurus cæruleus.
Geum rivale.
Valeriana dioica.
Primula farinosa.
Bellis perennis.
Anthericum ossifragum.
Parnassia palustris.
Ophrys monorchis.
Spiræa ulmaria.
Valeriana officinalis.
Comarum palustre.
Senecio Jacobæa.
Galium boreale.
Carex flava.
—— leporina.

Carex muricata.
—— globularis.
—— filiformis.
—— capillaris.
—— flavescens.
Carduus acaulis.
—— heterophyllus.
—— palustris.
Inula salicina.
Euphorbia palustris.
Convallaria bifolia.
Angelica sylvestris.
Galium palustre.
—— uliginosum.
Ranunculus flammula.
Juncus squarrosus.
Nardus stricta.
Pedicularis palustris.
—— sylvatica.

Les marais remplis de tourbe.

Leurs terres bourbeuses, boursouflées et mêlées de tourbe et de sphaigne, nourrissent les plantes suivantes :

Sphagnum palustre.
Bryum cœspiticium.
Splachnum rubrum.
—— luteum.
—— ampullaceum.
Scirpus cæspitosus.
Eriophorum vaginatum.
—— polystachyon.
—— alpinum.
Carex pulicaris.
—— limosa.
Juncus conglomeratus.
—— effusus.
—— filiformis.
Schænus albus.
Rubus chamæmorus.
Andromeda polifolia.
Erica tetralix.

Empetrum nigrum.
Ledum palustre.
Vaccinium oxycoccus.
Drosera rotundifolia.
—— longifolia.
Pinguicula vulgaris.
—— alpina.
Selinum palustre.
Equisetum limosum.
Ophrys paludosa.
—— corallorrhiza.
Saxifraga hirculus.
—— lœselii.
Schænus mariscus.
—— nigricans.
—— ferrugineus.
Scheuchzeria palustris.

Les hautes montagnes.

Leur cime est couronnée d'une neige éternelle. Dans leurs vallées élevées, ordinairement recouvertes d'une terre végétale, noirâtre et humide, on trouve :

Betula nana.
Salix lapponum.
—— glauca.
—— myrsinites.
—— reticulata.
—— herbacea.
Azalea procumbens.
—— lapponica.
Arbutus alpina.
Andromeda cærulea.
—— hypnoides.
—— tetragona.
Dryas octopetala.
Sibbaldia procumbens.
Veronica alpina.
Alchemilla alpina.
Diapensia lapponica.
Rhodiola rosea.
Saxifraga cernua.
—— nivalis.
—— oppositifolia.
—— aizoides.
—— rivularis.
—— cotyledon.

Saxifraga cæspitosa.
Cucubalus acaulis.
Ranunculus glacialis.
—— nivalis.
—— lapponicus.
—— aconitifolius.
Trollius europæus.
Arnica montana.
Pedicularis lapponica.
—— hirsuta.
—— flammea.
Bartsia alpina.
Lychnis apetala.
—— alpina.
Rumex acetosa major.
—— digynus.
Gnaphalium alpinum.
Erigeron uniflorum.
Hieracium alpinum.
Draba incana.
Arabis alpina.
Cardamine bellidifolia.
—— trifolia.
Draba alpina.

Astragalus alpinus.
Phaca alpina.
Campanula uniflora.
Stellaria biflora.
Cerastium alpinum.
Thalictrum.
Epilobium alpinum.
Serratula alpina.
Potentilla nivea.
Satyrium nigrum.
Ophrys alpina.
Viola biflora.
—— montana.
Cypripedium bulbosum.
Pinguicula alpina.
—— villosa.
Anthericum calyculatum.

Saxifraga stellaris.
—— rivularis.
Gentiana nivalis.
Angelica archangelica.
Lichen nivalis.
—— croceus.
Aira alpina.
Poa alpina.
Festuca ovina.
Carex atrata.
—— canescens.
—— saxatilis.
Juncus trifidus.
—— spicatus.
—— triglumis.
—— biglumis.
Agrostis spicata.

Le fond des vallées.

Leur terre grasse et couverte de bois, produit des herbes hautes qui redoutent le froid :

Tussilago frigida.
Sonchus alpinus.

Aconitum lycoctonum.

Les bois.

On trouve dans les bois ombragés et impénétrables aux vents, des arbres très-élevés et des plantes délicatés, qui ont besoin de leur ombrage pour se garantir des grands froids et des grandes chaleurs.

Fagus sylvatica.
Fraxinus excelsior.
Corylus avellana.
Tilia Europæa.
Acer platanoides.
Rhamnus catharticus.
Prunus padus.
Cornus sanguinea.
Evonymus europæus.
Ribes alpinum.
—— rubrum.
—— nigrum.
Daphne mezereum.
Rhamnus frangula.
Rosa eglanteria.
Rubus fruticosus.
Lathræa squamaria.
Ophrys nidus avis.
Dentaria bulbifera.
Milium effusum.
Poa nemoralis.
Bromus giganteus.
Circæa lutetiana.
—— alpina.

Sanicula europæa.
Actæa spicata.
Stachys sylvatica.
Galeopsis galeobdolon.
Mercurialis perennis.
Stellaria nemorum.
Convallaria verticillata.
—— majalis.
Allium ursinum.
Ranunculus ficaria.
Stellaria holostea.
Ornithogalum luteum.
—— minimum.
Adoxa moschatellina.
Fumaria bulbosa.
Lunaria rediviva.
Lathyrus latifolius.
—— heterophyllus.
Vicia sylvatica.
—— dumetorum.
—— sepium.
Anemone ranunculoides.
Orobus vernus.
Pulmonaria officinalis.

Primula veris.
—— angustifolia.
Paris quadrifolia.
Glechoma hederacea.
Asarum europæum.
Astragalus glycyphyllos.
Geum urbanum.
Campanula latifolia.
—— trachelium.
—— persicifolia.
Cnicus oleraceus.
Viola hirta.
—— mirabilis.
—— odorata.
Serratula tinctoria.

Geranium lucidum.
Hedera helix.
Thalictrum aquilegifo-
lium.
Asperula odorata.
Osmunda struthiopteris.
Asplenium scolopendrium.
Polypodium dryopteris.
—— phegopteris.
Impatiens nolitangere.
Cardamine impatiens.
Melampyrum nemorum.
Arenaria trinervia.
Veronica hederacea.
Draba muralis.

Les foréts.

Les forêts épaisses, et d'un fond sablo-
neux épuisé par les racines, produisent :

Pinus sylvestris.
—— abies.
Taxus baccata.
Juniperus communis.
Berberis vulgaris.
Betula alba.
Populus tremula.
Vaccinium myrtillus.
Pyrola rotundifolia.
—— secunda.
—— uniflora.
—— umbellata.

Oxalis acetosella.
Anemone hepatica.
—— nemorosa.
Prenanthes muralis.
Linnæa borealis.
Trientalis europœa.
Juncus pilosus.
Aira montana.
Carex loliacea.
—— elongata.
Hypnum proliferum.
Geranium sylvaticum.

Lycopodium clavatum.
—— annotinum.
—— complanatum.
Erica vulgaris.
Vaccinium vitis idæa.
Ajuga pyramidalis.
Solidago virga aurea.
Agrostis arundinacea.
Veronica officinalis.
Pteris aquilina.
Orchis bifolia.
Stellaria graminea.
Polytrichum commune.
Equisetum sylvaticum.
Hieracium murorum.
Bromus pinnatus.

Arundo epigeos.
Anemone vernalis.
Prunella vulgaris.
Orobus tuberosus.
Viola canina.
Osmunda lunaria.
—— spicant.
Polypodium f. mas.
—— f. femina.
Equisetum hyemale.
Arenaria serpyllifolia.
Melampyrum sylvaticum.
Tormentilla erecta.
Verbascum thapsus.
Gnaphalium sylvaticum.

Les terres en jachères.

Les terres qui, cultivées une année, se reposent l'année suivante, produisent un grand nombre de plantes. De ce nombre sont :

Rubus cœsius.
Ononis spinosa.
Triticum repens.
Stachys palustris.
Serratula arvensis.
Allium scorodoprasum.
Convolvulus arvensis.
Sonchus arvensis.

Centaurea scabiosa.
—— jacea.
Mentha arvensis.
Vicia cracca.
Artemisia vulgaris.
Centaurea scabiosa.
Scabiosa arvensis.
Papaver dubium.

Agrostema githago.
Fumaria officinalis.
Vicia sativa.
Melampyrum arvense.
Galeopsis tetrahit.
Carduus crispus.
Pisum arvense.
Centaurea cyanus.
Delphinium consolida.
Veronica triphyllos.
Chrysanthemum segetum
Myagrum sativum.
Sinapis arvensis.
Matricaria chamomilla.
Anthemis arvensis.
Erysimum cheiranthoïdes
Thlaspi arvense.
Spergula arvensis.
Anagallis arvensis.
Sherardia arvensis.
Ervum hirsutum.
Brassica cumpestris.
Raphanus raphanistrum.
Rhinanthus cristagalli.

Ervum tetraspermum.
Conium maculatum.
Euphorbia helioscopia.
Papaver argemone.
—— rhoeas.
Potentilla norvegica.
Cerastium arvense.
Antirrhinum orontium.
Veronica peregrina.
Dianthus armeria.
Tordylium anthriscus.
Calendula officinalis.
Chenopodium album.
Polygonum convolvulus.
Avena fatua.
Agrostis spica venti.
Lolium annuum.
Bromus secalinus.
—— arvensis.
Panicum crus galli.
Lampsana communis.
Ranunculus arvensis.
Litospermum.
Lycopsis arvensis.

Les jardins.

Leur terre bien travaillée, devenue fer-
tile par les engrais, excite la végétation des
mauvaises herbes qui étouffent les plantes
utiles. Les jardins produisent :

Tulipa sylvestris.
Œgopodium podagraria.
Ranunculus repens.
Leontodon taraxacum.
Galium aparine.
Alsine media.
Œthusa cynapium.
Sonchus oleraceus.
Chenopodium polysper-
  num.
—— vulvaria.
—— viride.
—— hybridum.
Thlaspi bursa pastoris.
Viola tricolor.

Lamium purpureum.
—— amplexicaule.
Veronica arvensis.
—— agrestis.
Geranium cicutarium.
—— rotundifolium.
—— dissectum.
—— columbinum.
—— molle.
Urtica urens.
Cynosurus paniceus.
Euphorbia peplus.
Amaranthus blitum.
Verbascum lychnitis.

Les décombres.

Autour des maisons, des bâtimens, sur
les grandes routes, dans les carrefours, on
trouve :

Ulmus campestris.
Sambucus nigra.
—— ebulus.

Ribes uva crispa.
Urtica dioica.
Marrubium album.

Ballota nigra.
Nepeta cataria.
Chenopodium bonus hen-
  ricus.
Artemisia absinthum.
Erysimum alliaria.
Chelidonium majus.
Scrophularia nodosa.
Plantago major.
Rumex crispus.
Galium mollugo.
Bryonia alba.
Chœrophyllum sylvestre.
Verbascum nigrum.
Dactylis glomerata.
Arctium lappa.
Agrimonia eupatoria.
Anchusa officinalis.
Potentilla argentea.
Cynoglossum officinale.
Xanthium strumarium.
Myosotis lappula.
Solanum nigrum.
Chenopodium rubrum.
—— urbicum.
—— murale.
—— glaucum.
Leonurus cardiaca.
Cheiranthus erysimoïdes.

Senecio viscosus.
Erysimum officinale.
—— hieracifolium.
Datura stramonium.
Hyoscyamus niger.
Sinapis nigra.
Sisymbrium sophia.
Asperugo procumbens.
Anthemis cotula.
Carduus nutans.
—— acanthoïdes.
Hordeum murinum.
Scandix anthriscus.
Lepidium ruderale.
Senecio vulgaris.
Cochlearia coronopus.
Carduus lanceolatus.
Polygonum persicaria.
—— hydropiper.
Onopordum acanthium.
Polygonum aviculare.
Verbena officinalis.
Lamium album.
Atriplex patula.
Veronica chamædrys.
Echium vulgare.
Reseda luteola.
Malva sylvestris.

Les prairies.

Les prairies un peu exposées au soleil, et cependant ombragées, nourrissent des plantes d'une végétation vigoureuse, comme :

Pyrus communis.
—— malus.
Lolium perenne.
Campanula rotundifolia.
—— patula.
Geranium pratense.
Trollius europœus.
Hypericum quadrangulare.
Trifolium pratense.
Carum carvi.
Heracleum sphondylium.
Lathyrus pratensis.
Lotus corniculata.
Spiræa filipendula.
Dianthus superbus.
Rubus arcticus.
Aira cœspitosa.
—— trivialis.
Cynosurus cristatus.
Poa pratensis.
Avena flavescens.
Carex panicea.

Lychnis dioica.
Equisetum arvense.
Rumex acetosa.
Chrysanthemum leucanthmum.
Phleum pratense.
Alopecurus pratensis.
Festuca elatior.
Leontodon autumnale.
Scorzonera humilis.
Ranunculus acris.
—— polyanthemos.
Rumex acutus.
Rhinantus cristagalli.
Briza media.
Linum catharticum.
Crepis biennis.
Turritis glabra.
—— hirsuta.
Tragopogon pratense.
Cardamine hirsuta.
Medicago lupulina.
Melampyrum pratense.

Les terreins sablonneux.

Les terrains formés d'un sable pur, sec friable, produisent :

Salix hirta.
Spartium scoparium.
Genista tinctoria.
—— pilosa.
Ligustrum vulgare.
Elymus arenarius.
Arundo arenaria.
Carex arenaria.
Dianthus arenarius.
Herniaria glabra.
Artemisia campestris.
Scleranthus perennis.
Asparagus officinalis.
Allium arenarium.
—— carinatum.
Thymus serpillum.
Potentilla verna.
Pimpinella saxifraga.
Antirrhinum umbellatum.
Hieracium umbellatum.
Erigeron acre.
Gnaphalium dioicum.
Statice armeria.
Astragalus arenarius.
Hypochœris radicata.
Veronica spicata.

Rumex acetosella.
Festuca ovina.
Poa angustifolia media.
Lichen upsaliensis.
—— nivalis.
—— islandicus.
Gnaphalium arenarium.
Cerastium semidecandrum.
—— viscosum.
Myosotis scorpioides.
Saxifraga tridactylites.
Androsace septentrionalis.
Lepidium petræum.
Veronica verna.
Anthirrhinum minus.
Aphanes arvensis.
Arabis thaliana.
Brassica napus.
Galeopsis ladanum.
Myagrum paniculatum.
Sisymbrium arenosum.
Filago pyramidata.
—— montana.
—— arvensis.
Jasione montana.

Carlina vulgaris.
Trifolium arvense.
Arenaria purpurea.
Draba verna.
Iberis nudicaulis.
Bromus tectorum.
Viola tricolor.
Alyssum incanum.
Gypsophila muralis.

Hyoscris minima.
Thymus acinos.
Valeriana locusta.
Myosurus minimus.
Scleranthus annuus.
Phleum arenarium.
Aira canescens.
—— præcox.

Terreins argilleux.

Ces terrains, tenaces et humides dans les tems pluvieux, durs dans les tems secs, produisent :

Tussilago farfara.
Anthyllis vulneraria.
Potentilla repens.
—— anserina alb.

Plantago media.
Thlaspi campestre.
Cichorium intybus.
Inula dyssenterica.

Les terreins découverts.

Les terrains un peu élevés, arides et brûlés par le soleil, produisent :

Salix caprea.
Prunus spinosa.
Cratagus oxyacantha.
Lonicera xylosteon.
Rosa canina.
Athamantha libanotis.
Medicago falcata.
Tanacetum vulgare.
Trifolium repens.
Alchemilla vulgaris.
Allium oleraceum.
Campanula glomerata.
Cucubalus behen.
Fragaria vesca.
Chrysocoma linosyris.
Leontodom hispidum.

Ranunculus illiricus.
—— bulbosus.
Plantago lanceolata.
Hieracium pilosella.
—— auricula.
Phalaris phleoides.
Avena pratensis.
Anthemis tinctoria.
Daucus carota.
Thlaspi campestre.
Echium vulgare.
Crepis tectorum.
Euphrasia odontites.
Gentiama campestris.
Trifolium agrarium.
Holcus lanatus.

Les collines.

Le penchant sec des collines produit :

Quercus robur.
Cratœgus aria.
Sorbus aucuparia.
Pruuus domestica.
Lonicera periclymenum.
Rosa spinosissima.
—— villosa.
Carpinus betulus.
Acer campestre.
Arnica montana.
Hypochæris maculata.
Odonis vernalis.
Orobus niger.
Trifolium montanum.
Lathyrus sylvestris.
Lychnis viscaria.
Hypericum perforatum.
Laserpitium latifolium.
Cucubalus viscosus.
Dianthus deltoides.
Geranium sanguineum.

Scabiosa columbaria.
Cistus œlandicus.
Anemone pulsatilla.
Athamantha oreoselinum.
Juncus campestris.
Polygonum viviparum.
Saxifraga granulata.
Silene nutans.
Sedum sexangulare.
—— Annuum.
Polygala vulgaris.
Campanula cervicaria.
Lithosperum officinale.
Achillea millefolium.
Hieracium præmorsum.
—— dubium.
Ophioglossum vulgatum.
Melampyrum cristatum.
Thesium alpinum.
Euphrasia officinalis.

Les rochers.

Dans les fentes des rochers on trouve des plantes qui végètent sans avoir besoin pour cela d'absorber beaucoup d'humidité :

Mespilus cotoneaster.
Rubus idæus.
Coronilla emerus.
Sedum telephium.
—— rupestre.
—— reflexum.
—— album.
—— acre.
Sempervivum tectorum.
Polypodium vulgare.
—— fragile.
Asplenium trichomanes.
—— ruta muraria.
Acrostichum septentrio-
nale.
—— ilvense.
Anthericum ramosum.
—— liliago.
Allium schænoprasum.
Convallaria polygonatum.
—— multiflora.
Asclepias vincetoxicum.

Asperula tinctoria.
Origanum vulgare.
Clinopodium vulgare.
Geranium robertianum.
Potentilla rupestris.
Dracocephalum ruyschia-
na.
Hieracium murorum.
Globularia vulgaris.
Gypsophila fastigiata.
Artemisia rupestris.
Hypericum hirsutum.
—— montanum.
Cistus fumana.
Rubus saxatilis.
Aira flexuosa.
Melica nutans.
—— ciliata.
Poa compressa.
Epilobium angustifolium.
—— montanum.
Silene rupestris.

Les plantes parasites.

Les unes croissent attachées aux arbres sans avoir de racines apparentes :

Viscum.

D'autres croissent sur des herbes et s'y attachent par le moyen de petites racines :

Cuscuta.

D'autres enfin enfoncent leurs racines dans les racines de quelques plantes.

Monotropa hypopitys.
Lathræa squamaria.
Orobanche major.
Des mousses.
Des lichens.
Des champignons.

Fin du premier Volume.

TABLE

Des matières contenues dans ce premier Volume.

LIVRE SECOND.

Z 4

Fin de la Table.

EXPLICATION DU TABLEAU

D'ANATOMIE VÉGÉTALE,

Avec des renvois aux généralités qui y ont rapport.

Fig. 1. T ISSU cellulaire, régulier et peu poreux.

On trouve ce tissu cellulaire dans les tiges des dicotyledones et dans celles des monocotyledones. Il compose ordinairement tout le tissu connu sous le nom de *moëlle*; il forme aussi presque toute l'écorce. Le parenchyme n'offre que ce tissu cellulaire. On l'observe de plus, en grande abondance, dans les cotyledons épais, dans les racines charnues, dans les fruits pulpeux, etc. (Voyez pag. 56, 118, 156, 159, 188, etc.)

Sa coupe transversale *a* et sa coupe verticale *b* présentent des hexagones réguliers.

On voit parfaitement bien en *c* que les parois de chaque cellule appartiennent également aux cellules contigues, et que ce n'est pas, comme on le lit dans les auteurs, une multitude de petites outres ou utricules, placées les unes sur les autres; mais bien un tissu continu. Ceci est essentiel à remarquer pour prendre une juste idée de l'organisation végétale. (Voyez page 54.)

Fig. 2. Tissu cellulaire peu alongé, plus poreux que le précédent.

Ce tissu cellulaire ressemble à la figure 1, si ce

n'est qu'il est plus alongé et plus poreux. Il forme ordinairement le parenchyme des monocotyledones. (Voyez pag. 204.)

On peut observer en *a* les pores et leurs bourrelets glanduleux.

Quand les membranes sont opposées à la lumière, comme on les suppose en *a*, chaque pore paroît comme un point lumineux, et son bourrelet paroît autour de lui comme une zone obscure. Quand les membranes ont derrière elles quelques corps qui s'opposent à leur transparence, comme on les représente en *b*, les pores sont très-obscurs; mais les bourrelets glanduleux forment des zones brillantes. C'est ce que l'on a voulu faire sentir dans la gravure en forçant le contour du pore. Tous les pores ne sont pas munis d'une zone glanduleuse, comme on l'observe en *c*. (Voyez pag. 54 et suivantes.)

Fig. 3. Tissu cellulaire très-alongé, criblé de pores rangés en séries transversales.

Il est à remarquer que plus le tissu céllulaire est alongé, plus les pores sont rangés régulièrement. Quand les cellules sont égales dans tous les sens, c'est-à-dire, quand elles n'ont point d'alongement marqué, il ne règne aucun ordre dans la distribution des pores, comme on le voit dans la figure 1.

Fig. 4. Tissu cellulaire très-alongé, fendu et poreux.

Je n'ai observé ce tissu cellulaire qu'au centre de quelques tiges de lycopodes; il est remarquable par sa forme pyramidale. Chaque cellule, telle que *a*, *b*, *c*, *d*, semble être formée de deux pyramides hexaèdres, opposées par leur base.

Ce tissu est encore remarquable par ses fentes transversales, placées précisément dans la direction des séries de pores, et n'étant en effet que des pores plus alongés. (Voyez pag. 83.)

Fig. 5. Les tubes simples ; ils n'offrent ni pores, ni fentes.

J'ai observé ce tissu dans la vigne : il forme les parties avancées des sillons qui creusent son écorce. Je l'ai observé aussi dans les filets ligneux qui parcourent la tige des monocotyledones, dans le bois des dicotyledones, dans les nervures des feuilles, dans les pétales, les pistils, les étamines, etc. (Voyez pag. 63 et suivantes.)

Je ne crois pas qu'aucune plante monocotyledone ou dicotyledone soit privée de ce tissu. Ces tubes, comparés aux tubes des fig. 7, 8, 9, 10, 11, 12, 13, doivent être considérés comme de petits tubes. (Voyez pag. 70.)

Fig. 6. Tubes poreux ; ils sont criblés de pores rangés en séries transversales.

Ces tubes ne sont pas plus rares que ceux de la fig. 5. On les observe sur-tout dans les bois durs. Je les ai vus distinctement dans le chêne, le sureau et plusieurs autres bois. Leurs pores sont extrêmement difficiles à apercevoir, étant d'une finesse prodigieuse. Il faut une grande patience et une grande attention pour les découvrir. Voici comme on doit s'y prendre : on enlève, avec un rasoir, ou tout autre instrument tranchant bien aiguisé, une lame très-mince de bois, prise dans la direction des tubes, c'est-à-dire, dans la longueur de la tige. On place cette lame sur un porte-objet de verre ; on a soin d'y mettre une goutte d'eau limpide, ce qui donne de la transparence aux parties ligneuses, et favorise l'observation ; on place cet appareil sous une lentille très-forte, et si le ciel est clair, on parvient à découvrir les pores, et même leurs bourrelets ; mais ce n'est quelquefois qu'après beaucoup de tentatives inutiles.

Il faut que la lame de bois qu'on observe soit fortement éclairée, et il ne faut pas cependant qu'elle reçoive directement les rayons du soleil ; car, dans ce dernier cas, elle les réfracte avec force, et il devient impossible de distinguer l'organisation. La chose la plus pénible, dans ces observations délicates, est de préparer l'objet qu'on veut observer. J'ai quelquefois coupé plus de quarante lames de bois, avant d'en avoir trouvé une assez transparente pour pouvoir y discerner l'organisation. Je n'en finirois pas si je voulois exposer toutes les difficultés qu'on éprouve et toutes les précautions qu'il faut prendre. Chacun d'ailleurs observe à sa manière ; cela dépend beaucoup de la tournure de l'esprit et des moyens physiques.

Les tubes de la figure 6, comparés aux suivans, doivent être considérés comme de *petits tubes.* (Voyez pag. 70.)

Fig. 7. Grands tubes simples.

Ces tubes n'ont point de pores apparens ; on les trouve fréquemment dans l'écorce des dicotyledones, comme je l'ai vu dans les sapins, les pins et autres arbres résineux. Ils existent aussi dans la moëlle de ces mêmes dicotyledones. Je cite en preuve le sureau, la belle de nuit. (Voyez pag. 53 et 189.) On les trouve encore dans le parenchyme des monocotyledones, surtout vers la superficie, etc.

Fig. 8. Grands tubes poreux.

Je les ai trouvés dans presque tous les bois durs des dicotyledones et dans les filets ligneux des monocotyledones. Les personnes, dont la vue est nette et bonne, peuvent en apercevoir l'ouverture sur la coupe transversale du chêne, du sureau, du palmier dattier, etc., plus les bois sont durs, plus les pores de ces tubes sont fins. Tout ce que j'ai dit des pores et de leurs zones glanduleuses, au sujet de la figure 5, est applicable à ces tubes. (Voyez pag. 64, 177 et suivantes.)

Fig. 9. Tubes fendus, ou fausses trachées : ils sont coupés de fentes transversales.

Ces tubes se trouvent dans les bois des dicotyledones et dans les filets ligneux des monocotyledones. Je les ai vus dans plusieurs fougères, dans la canne à sucre, dans le blé, dans la vigne, dans le frêne, dans le sureau, etc. Il est bon d'observer qu'ils ne se trouvent jamais dans les parties très-dures. Leur ressemblance avec des trachées les a fait confondre avec elles; et c'est aussi ce qui a fait croire qu'il y avoit des trachées dans le bois. Il est certain que ces tubes ne se déroulent pas. Les fentes qui les coupent ne sont point complettes, et si l'on vient à déchirer en partie un de ces tubes, ses anneaux ne se détachent point du reste du tissu, comme on peut le voir en *a*. (Voyez pag. 64.)

Les fentes sont des pores très-prolongés; elles ont comme eux un bourrelet glanduleux qui les entoure et qui a plus d'épaisseur que les membranes. (Voyez pag. 83.)

A a 3

Fig. 9. Les trachées : elles sont formées par des lames étroites, épaisses, argentées, élastiques, roulées en spirales de droite à gauche.

Ces vaisseaux sont placés dans les dicotyledones autour de la moëlle, et dans les monocotyledones au centre ou à la circonférence des filets ligneux. On les trouve aussi dans les nervures des feuilles, dans les périanthes, etc. (Voyez pag. 65.)

Fig. 10. *a* Trachée très-grande, dont les spires sont très-rapprochées depuis *b* jusqu'à *c*, et qui se déroulent en *d* et en *e*. La lame étroite qui le compose est bordée d'un bourrelet glanduleux, comme les fentes des tubes de la fig. 9.

f Trachée plus petite que la trachée *a*. Ses spires, comme on le peut voir depuis *g* jusqu'à *h*, sont moins serrées. Quant à la lame qui se déroule en *i*, elle est absolument semblable à celle de la trachée *a*.

Fig. 11. Tubes mixtes : on y aperçoit les pores des tubes poreux et les fentes des fausses trachées.

Ces tubes se rencontrent fréquemment autour de la moëlle des dicotyledones et dans les filets ligneux des monocotyledones. (Voyez pag. 67, 68, 186 et suivantes, 205.)

On voit en *a* des pores ronds entourés de bourrelets, en sorte, que si l'on ne pouvoit observer que cette partie du tube, on le prendroit pour un tube poreux ; mais dans d'autres parties *b*, on remarque des fentes qui en font une fausse trachée, de là le nom de tube mixte.

Fig. 12. Tube mixte : on y aperçoit des pores, des fentes et des parties membraneuses qui n'ont ni pores ni fentes, et qu'on peut comparer aux membranes des tubes simples. (Voyez pag. 68.)

Ces tubes ne diffèrent presque pas des précédens.

a Fentes.

b Pores.

c Membranes sans pores ni fentes.

Fig. 13. Tube mixte : il ressemble aux précédens et de plus se déroule en spirale dans quelques points de sa longueur.

Ces tubes se trouvent, comme les autres tubes mixtes, autour de la moëlle des dicotyledones et dans les filets ligneux des monocotyledones. (Voyez pag. 68.)

a Pores en fentes sur une même ligne.

b Pores en séries.

c Fentes.

d Trachée déroulée.

e On aperçoit en *e* la coupe transversale de la lame qui forme la trachée, et l'on voit qu'elle est enflée et glanduleuse sur ses bords. C'est cette observation qui m'a fait dire, en parlant des trachées, que leur lame ressemble quelquefois à deux fils parallèles réunis par une membrane intermédiaire. (Voyez pag. 66.)

Tout ce qui précède prouve, ce me semble, que les tubes simples, les tubes poreux, les fausses trachées et les trachées ne sont pas des vaisseaux aussi diffé-rens les uns des autres qu'on seroit d'abord porté à le croire. (Voyez pag. 68.)

A a 4

Fig. 14. Lacune cylindrique et non interrompu.

Les lacunes sont des déchiremens qui n'ont lieu que dans le tissu cellulaire. Elles sont fréquentes dans les monocotyledones , mais plus rares dans les dicotyledones. (Voyez pag. 73 et 215.)

a, *b*, *c* représentent la coupe transversale du tissu cellulaire.

d représente le vuide formé par le déchirement des membranes.

Fig. 15. Lacune hexaèdre , interrompue par des diaphragmes. (Voyez pag. 73.)

a, *b*, *c* représentent la coupe transversale du tissu cellulaire.

d représente le vuide formé dans l'intérieur du tissu cellulaire.

e représente un diaphragme formé par les restes du tissu cellulaire déchiré.

Fig. 16. Union de tous les organes élémentaires.

a Tissu cellulaire , semblable à celui de la figure 1 : il n'a point de pores et est assez régulier.

b Tissu cellulaire plus alongé que le précédent , percé de pores , et assez semblable à celui de la figure 2.

c Petits tubes simples , semblables à ceux de la figure 5.

d Petits tubes poreux , semblables à ceux de la figure 6.

e Grands tubes poreux , semblables à ceux de la figure 8.

f Grands tubes fendus ou fausses trachées , semblables à ceux de la figure 9.

g Grand tube fendu et poreux, ou tube mixte, semblable au tube représenté dans la figure 11.

h Petits tubes fendus transversalement, ou petites fausses trachées.

i Grand tube fendu et coupé en trachée : tube mixte. Toute la partie depuis *k* jusqu'à *l* forme une fausse trachée, et toute la partie depuis *l* jusqu'à *m* forme une trachée.

n Grande trachée semblable à la trachée *a* de la fig. 10.

o Petite trachée.

L'union de toutes les parties est évidente dans la fig. 16. (Voyez pag. 54.)

Fig. 17. Epiderme sans aucun pore apparent, formé par les dernières parois du tissu cellulaire. (Voyez pag. 84.)

Fig. 18. Epiderme percé de pores alongés.

a Pores circonscrits par une aire elliptique. Ce sont les pores que Decandolle appelle *pores corticaux*, et Hedwig, *vasa cuticulæ*. (Voyez pag. 80.)

Fig. 19. Epiderme formé par les dernières parois du tissu cellulaire et du tissu tubulaire. (Voyez pag. 84 et 162.)

a Portion de l'épiderme formée par le tissu cellulaire.

b Portion de l'épiderme formée par le tissu tubulaire.

c Pores alongés. Ils ne se trouvent jamais sur l'épiderme formé par le tissu tubulaire, aussi n'en voit-on point sur toute la portion *b*. J'en ai dit la raison en traitant des élémens organiques.

Fig. 20. Epiderme formé par les parois du tissu cellulaire, et couvert de pores alongés.

a Les membranes qui forment les parois latérales des cellules intérieures sont ondulées. J'ai observé cela dans plusieurs fougères.

Fig. 21. Epiderme semblable à la figure 18, avec cette différence que, dans l'aire des pores alongés *a*, on aperçoit des pores semblables, quant à la forme, à ceux de tubes poreux. (Voyez p. 83.)

Fig. 22. Epiderme semblable à la figure 18, avec cette différence que les pores *a* paroissent obstrués. Je soupçonne que cela résulte de ce que les lèvres des pores se recouvrent, et par ce moyen interceptent le passage de la lumière, quand on observe cette membrane au microscope. (Voyez p. 81.)

Fig. 23. Epiderme velu. Les poils ne sont qu'un prolongement extérieur du tissu cellulaire , ou , si l'on veut , une espèce d'hernie produite par ce tissu ; mais ils se présentent sous des formes très-variées. (Voyez pag. 290.)

a Les poils ont ici des étranglemens et des renflemens alternatifs , imitant une corde nouée. C'est ainsi que sont faits les poils du *mirabilis jalapa* , vulgairement *belle de nuit*. J'observe que dans mon tableau les poils sont trop grêles , relativement aux cellules indiquées sur l'épiderme.

Fig. 24. Autre épiderme velu *a* et poreux *b*. Ce poil *a*, bien visiblement produit par la dilatation du tissu cellulaire , est dessiné d'après un poil de l'*urtica arborea*. J'ai cherché vainement au sommet *c* une ouverture qui pût donner passage au suc corrosif;

il n'y en a pas, ou bien elle est si petite qu'elle
échappe à l'observation microscopique.

Fig. 25. *a* Coupe transversale du *fucus fimbriatus*.
L'ouverture des cellules ressemble absolument à
la coupe *a*, fig. 1.
b Coupe verticale.

Cette portion de fucus est, comme on le voit, entièrement composée de tissu cellulaire ; mais ce tissu
n'est pas semblable par - tout. En *c* il est plus large et
plus dilaté ; en *d* il est plus comprimé ; en *e* il est pareillement comprimé.

Fig. 26. *Acrostichum aureum*, espèce de fougère ;
plante monocotyledone.

a Coupe transversale du pétiole.
b Coupe verticale.
c Tissu cellulaire masqué par une substance verte.
Je le nomme *tissu herbacé*. (Voyez p. 156 et 204.)
d Toute la masse de tissus, indiquée par la lettre *d*,
est ce que j'appelle le *parenchyme* dans les monocotyledones. La plante représentée ici appartient
à cette classe, comme on peut en juger par l'ins-
pection de sa coupe. (Voyez pag. 159 et 204.)
e Filet ligneux dont on voit la coupe transversale et
verticale.
f Petits tubes simples , semblables à ceux de la
figure 5.
g Petites fausses trachées.
h Grandes fausses trachées.
i Lacune semblable à celle qui est représentée dans
la figure 14.
k Coupe transversale de filets ligneux , semblables

au filet dont on voit les coupes transversale et verticale en *c*, même figure.

Fig. 27. *Calamus*, plante monocotyledone.

a Coupe transversale de sa tige.

b Parenchyme.

c Filets ligneux composés en partie de petits tubes, et enveloppés par le parenchyme.

d Ouvertures de tubes poreux ou de fausses trachées.

Il faut remarquer que, vers la circonférence *e*, les filets ligneux sont plus nombreux ; que, vers la lettre *f*, ils sont plus épais, mais moins nombreux et moins serrés ; que, vers le centre *g*, ils sont aussi petits qu'en *e*, mais moins serrés. Les filets de la circonférence *e* ne sont pas représentés dans le tableau tout à fait aussi rapprochés qu'ils devroient l'être : quoi qu'il en soit, cette esquisse suffit pour donner une idée nette de cette monocotyledone. (Voyez p. 204 et suiv.)

Fig. 30. *Asparagus officinalis*, asperge commune, plante monocotyledone. (Voyez p. 204 et suiv.)

a Coupe transversale de sa tige.

b Écorce.

c Tissu herbacé.

d Parenchyme.

e Filets ligneux, rapprochés et réunis de manière à former une couche ligneuse, semblable, en quelque sorte, à celle des dicotyledones.

f Parenchyme enveloppant les filets ligneux.

g Filets ligneux composés de petits et de grands tubes. Les petits tubes sont semblables à ceux de la figure 5. Les grands tubes sont des fausses trachées, des trachées ou des tubes mixtes.

Fig. 31. *Smilax auriculata*, plante monocotyledone. Coupe transversale (Voyez pag. 204 et suiv.)

a Ecorce absolument semblable à celle de l'*asparagus officinalis*.

b Couche ligneuse, formée comme dans l'*asparagus officinalis* par la réunion des filets ligneux.

c Parenchyme enveloppant les filets ligneux.

d Filets ligneux organisés comme ceux de l'*asparagus officinalis*.

Fig. 28. *Mirabilis jalapa* ou belle de nuit, plante dicotyledone. (Voyez pag. 156 et suiv.)

a Coupe transversale.

b Ecorce semblable à celle de l'*asparagus* et du *smilax*.

c A la superficie *c* est le tissu herbacé.

d Dessous le tissu herbacé est le parenchyme *d*.

e Couche ligneuse très-molle, composée de petits et de grands tubes.

f Moëlle.

g Filets de petits et de grands tubes, assez semblables à ceux des monocotyledones.

Cette plante est extrêmement remarquable, puisque son organisation ne paroît pas différer beaucoup des monocotyledones, quoiqu'elle soit pourvue de deux feuilles séminales. Ceci semble être une exception à la loi générale ; mais peut - être qu'un examen plus approfondi montreroit que l'exception n'est que dans l'apparence.

Fig. 29. *Urtica arborea*, plante dicotyledone. (Voyez pag. 156 et suiv.)

a Coupe transversale de la tige.

b Coupe longitudinale dont le plan est parallèle à la surface de l'écorce.

c Coupe dont le plan est perpendiculaire sur l'écorce *d*.

d Ecorce formé d'un tissu cellulaire, semblable à celui qui est représenté dans la figure 1. (Voyez pag. 156, 159 et 161.)

e Couche ligneuse, formée de tubes semblables à ceux de la figure 5. (Voyez pag. 177 et suiv.)

f Autre couche ligneuse semblable à la précédente. (Voyez pag. 177 et suiv.)

g Couches de tissu cellulaire, interposées entre les couches ligneuses ; ce tissu cellulaire est semblable à celui de la figure 1.

h Rayons médullaires formés par un tissu cellulaire poreux, prolongé du centre à la circonférence. (Voyez pag. 184.)

i Grands tubes poreux et grands tubes mixtes.

Nulle part je n'ai vu l'organisation végétale aussi parfaitement que dans cette plante. Elle a servi plus qu'aucune autre à fixer mon opinion. Il m'a été impossible en l'observant, de me refuser à cette idée, que le végétal n'est formé que d'une masse de tissus cellulaires, dont les cellules sont plus ou moins alongées.

Fig. 32. *Sambucus nigra* ou sureau noir, plante monocotyledone. (Voyez pag. 156 et suiv.)

a Coupe transversale.

b Coupe longitudinale.

c L'écorce ; elle offre à la superficie le tissu herbacé recouvert par l'épiderme, et plus intérieurement, le parenchyme.

On voit que tout ce tissu est semblable à celui de la figure première. (Voyez pag. 156 , 159 et 161.)

d Le liber. Je ne crois pas qu'il convienne de confondre le liber avec l'écorce ; il en est beaucoup trop distinct par son organisation et ses fonctions, pour qu'on le puisse faire sans inconvénient. (Voyez pag. 163.)

e Petits tubes simples.

f Grands tubes poreux.

g Tissu cellulaire placé dans les mailles du liber.

On voit, sur la coupe horisontale du liber, les ouvertures des petits et des grands tubes , et l'union du tissu cellulaire placé entre les faisceaux de tubes , avec le parenchyme de l'écorce. A mesure que les tubes se resserrent et se pressent vers le centre, le tissu cellulaire se dégage , et se portant vers la circonférence, va grossir la masse du parenchyme. La portion de tissu qui reste dans les mailles du liber , forme les rayons médullaires. (Voyez pag. 163 et suivantes , jusqu'à 184 inclusivement.)

h Aubier. Cette lame mince de petits tubes , plus grèles que ceux du liber , compose l'aubier, qui est le passage du liber à l'état de bois. (Voyez pag. 163 et suiv.)

i Le bois. (Voyez pag. 177.)

k Les petits tubes. Après beaucoup d'observations pénibles , je me suis convaincu qu'ils étoient semblables aux petits tubes poreux que représente la figure 6.

l Grands tubes poreux semblables à ceux de la figure 8.

m Rayons médullaires. Ils sont composés de cellules et de fausses trachées. (Voyez pag. 184.)

n Etui tubulaire. Il est composé de trachées, de fausses trachées, de tubes mixtes et de tissus cellulaires. L'étui tubulaire ne doit pas être confondu avec le bois dont il n'a ni la fermeté ni l'organisation. (Voyez pag. 186.)

J'observe que les ouvertures des grands tubes qui composent l'étui tubulaire, ne sont pas assez multipliées sur la coupe transversale.

o Moëlle. Elle est formée en majeure partie d'un tissu cellulaire semblable à la figure 1. On **y** observe en outre des tubes *p* simples et isolés ; ce sont, je crois, des espèces de lacunes. (Voyez pag. 188.)

Le tableau original dont on voit ici la gravure, a été exécuté avec un soin particulier par Sauvage, fils, jeune artiste d'un talent distingué. Je puis dire qu'il m'a fait apercevoir, dans mon propre travail, des choses que je n'y aurois pas vues sans lui. Les connoisseurs sentiront qu'il faut un grand devoûment dans un artiste de ce mérite, pour entreprendre un ouvrage aussi ingrat, et qui cependant ne peut être exécuté avec supériorité que par une main très-habile.

Voysard , qui a gravé ce tableau , en a rendu parfaitement les beautés.

ANATOMIE VÉGÉTALE.
GRAVURE exécutée d'après le Tableau original déposé au Museum national d'Histoire naturelle.

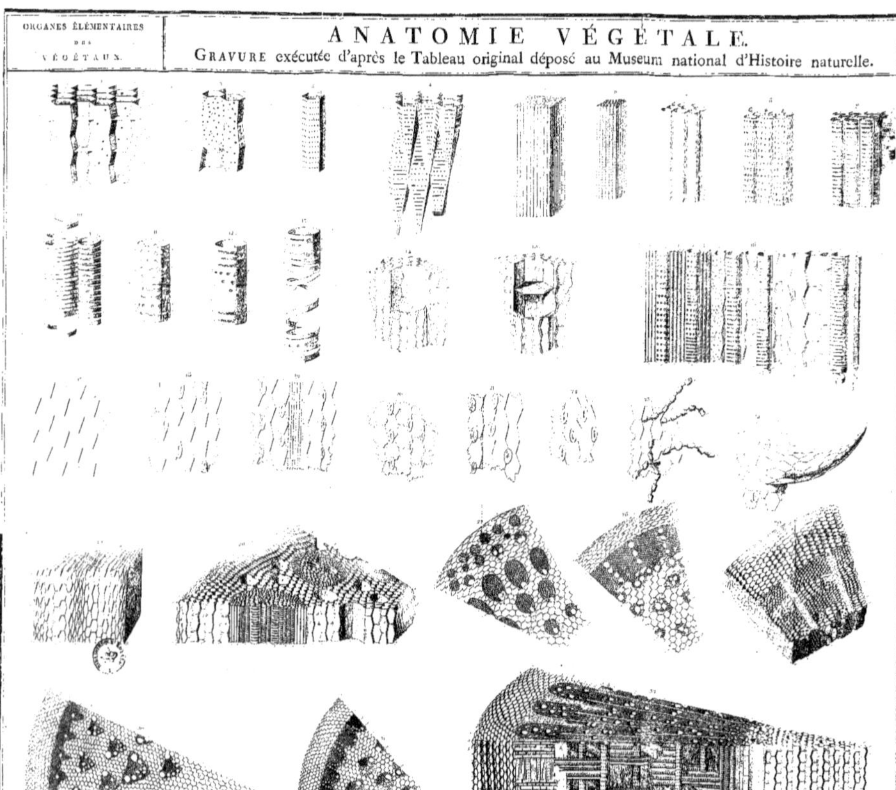

DU TISSU MEMBRANEUX.

www.ingramcontent.com/pod-product-compliance
Lightning Source LLC
LaVergne TN
LVHW020607180726
843502LV00002B/388